ABITUR

Prüfungsaufgaben
mit Lösungen

2010

Biologie

Grundkurs
Gymnasium • Gesamtschule
Nordrhein-Westfalen
2007–2009

STARK

ISBN: 978-3-86668-188-0

Inhalt

Autoren:

Rolf Brixius: Lösungen zum Jahrgang 2007 und 2008, 2009
Übungsaufgaben 2, 4, 6, 7
Dr. Henning Kunze: Übungsaufgaben 1, 3, 5

Vorwort

Liebe Schülerinnen und Schüler,

das vorliegende Buch bietet Ihnen die Möglichkeit, sich optimal auf die **zentral gestellte, schriftliche Abiturprüfung 2010 in Nordrhein-Westfalen** im Grundkurs Biologie vorzubereiten.

Im Abschnitt „**Hinweise und Tipps zum Zentralabitur**" bieten wir Ihnen dazu zunächst einen Überblick über:

- den **Ablauf** und die **Anforderungen** des Zentralabiturs in NRW. Dies wird Ihnen helfen, die formalen Rahmenbedingungen für das neue Zentralabitur kennenzulernen. Erläuterungen zu den Prüfungsanforderungen, zum Umgang mit den sogenannten Operatoren und zu den festgesetzten thematischen Schwerpunkten lassen Sie die Prüfungssituation besser einschätzen.
- die erfolgreiche Bearbeitung der Arbeitsaufträge und Materialien in den Prüfungsaufgaben. Die „**Tipps zum Umgang mit Prüfungsaufgaben**" zeigen Ihnen konkret, wie Sie erfolgreich an die Aufgaben der schriftlichen Abiturprüfung herangehen können.

Dieses Buch enthält neben 7 Übungsaufgaben im Stil der **Grundkurs-Abiturklausuren**, wie sie inhaltlich und vom zeitlichen Ausmaß her im Abitur 2010 auf Sie zukommen können, alle Original-Grundkurs-Prüfungsaufgaben des Zentralabiturs ab 2007. Zu allen Aufgaben bieten wir Ihnen **ausführliche, kommentierte Lösungsvorschläge mit Tipps und Hinweisen zur Lösungsstrategie**.

Beim Durcharbeiten der Aufgaben in diesem Buch werden Sie erkennen, dass auch die zentral gestellte Abiturprüfung bei gründlicher Vorbereitung kein „Buch mit sieben Siegeln" ist.

Das Autorenteam und der Verlag wünschen Ihnen für die Prüfungsvorbereitung und Ihre schriftliche Abiturprüfung viel Erfolg!

Stichwortverzeichnis

Hinweise und Tipps zum Zentralabitur

1 Die Anforderungen des Zentralabiturs im Fach Biologie

1.1 Die Rahmenbedingungen des Zentralabiturs

Im Jahr 2007 fand in Nordrhein-Westfalen die Abiturprüfung zum ersten Mal in Form des Zentralabiturs statt, d. h. alle Schülerinnen und Schüler mit drittem Abiturfach Biologie schreiben ihre Abiturklausur jeweils an demselben Tag. Landesweit erhalten die Schülerinnen und Schüler dieselben Prüfungsaufgaben zur Auswahl. Von den Ihnen vorgelegten drei Aufgaben müssen Sie zwei bearbeiten. Die Bearbeitungszeit beträgt für die Klausur im dritten Abiturfach Biologie 180 Minuten. Hinzu kommen jeweils 30 Minuten, in denen Sie sich für die beiden von Ihnen zu bearbeitenden Aufgaben entscheiden müssen. Je schneller Sie sich darüber im Klaren sind, welche zwei Aufgaben Sie bearbeiten wollen, desto mehr Zeit haben sie zusätzlich für deren Bearbeitung! Hilfsmittel, die Sie während der Abiturprüfung verwenden können, sind – wenn erforderlich – ein wissenschaftlicher Taschenrechner und stets ein deutsches Wörterbuch („Duden").

1.2 Die verbindlichen Unterrichtsinhalte im Fach Biologie für das Abitur 2010

Als Grundlage für die Aufgaben der Abiturprüfung dienen zum einen die „Richtlinien und Lehrpläne für die Sekundarstufe II – Gymnasium/Gesamtschule in Nordrhein-Westfalen – Biologie" von 1999 und zum anderen die schulministeriellen „Vorgaben zu den unterrichtlichen Voraussetzungen für die schriftlichen Prüfungen im Abitur in der gymnasialen Oberstufe im Jahr 2010" im Fach Biologie.
Die Vorgaben des Schulministeriums legen die verbindlichen Unterrichtsinhalte im Fach Biologie für das Abitur 2010 fest. Sie stellen damit die inhaltlichen Schwerpunkte dar und bilden die Grundlage, die Sie für eine erfolgreiche Bearbeitung der Klausuraufgaben unbedingt beherrschen müssen.
Für jedes der vier Unterrichtshalbjahre aus der Qualifikationsphase (Jahrgangsstufen 12 und 13) werden detaillierte Vorgaben gemacht. Eine Besonderheit ergibt sich für das Themenhalbjahr „Ökologische Verflechtungen und nachhaltige Nutzung". Hier kann die Lehrerin bzw. der Lehrer einen selbst gewählten Schwerpunkt legen – entweder auf das aquatische (I) oder das terrestrische System (II). Wird das „Ökologie-Halbjahr" in den Prüfungsaufgaben des Zentralabiturs berücksichtigt, so muss die Sie unterrichtende Lehrerin bzw. der Sie unterrichtende Lehrer aus zwei Aufgabenvorschlägen denjenigen zur Bearbeitung auswählen, der dem in Ihrem Kurs gewählten unterrichtlichen Schwerpunkt entspricht.

Die folgende **Auflistung der Unterrichtsinhalte für das Abitur 2010** ist mehrfach gegliedert. Nach der Überschrift der Themenhalbjahre (**fett**) folgt in der zweiten Unterteilung eine Benennung der Themenfelder, die im Lehrplan als obligatorisch (verbindlich) vorgesehen sind. Diese werden in einer dritten Gliederungsebene durch Schwerpunktsetzungen deutlich gemacht und präzisiert. Die hier gewählte Reihenfolge der verbindlichen Unterrichtsinhalte stellt lediglich eine Auflistung der vier Themenhalbjahre dar. Die unterrichtliche Abfolge kann sich von Schule zu Schule ändern, je nachdem, für welche Sequenz sich die jeweilige Biologie-Fachkonferenz entschieden hat.

Verbindliche Unterrichtsinhalte	Beispiele
A Genetische und entwicklungsbiologische Grundlagen von Lebensprozessen	
– Molekulare Grundlagen der Vererbung und Entwicklungssteuerung	09 Aufgabe 2
• Replikation, Proteinbiosynthese bei Pro- und Eukaryoten, Mutagene und Mutationen	Übungsaufgaben 6, 7 09 Aufgabe 2
• Regulation der Genaktivität am Beispiel der Prokaryoten (Operonmodell im Zusammenhang mit Stoffwechselaktivitäten bei Bakterien)	08 Aufgabe 1 08 Aufgabe 2
– Aspekte der Zytogenetik mit humanbiologischem Bezug Stammbaumanalyse und Erbgänge in der humangenetischen Beratung	Übungsaufgabe 2 08 Aufgabe 2
– Angewandte Genetik • Werkzeuge und Verfahrensschritte der Gentechnik am Beispiel der PCR und des genetischen Fingerabdrucks	09 Aufgabe 2
B Ökologische Verflechtungen und nachhaltige Nutzung	
– Umweltfaktoren, ökologische Nische – Untersuchungen in einem Lebensraum	Übungsaufgabe 2
• Aquatisches System – Stehende Gewässer und Aspekte des Fließgewässers (I): Zonierung, Eutrophie und Oligotrophie, Methoden der Bestandsaufnahme, Gewässergüte und Selbstreinigung; oder:	Übungsaufgabe 2 09 Aufgabe 3 09 Aufgabe 4
• Terrestrisches System – Wald oder naturnaher Park (II): Schichtung und Aufbau, Einfluss von Standortfaktoren und Bewirtschaftung, Erstellen von Vegetationsaufnahmen, Charakterisierung von Waldgesellschaften	Übungsaufgabe 2
– Einfache Beziehungen zwischen Organismengruppen und abiotischen Habitatfaktoren • Anpassungen an Temperatur und Feuchtigkeit bei Tieren und Pflanzen	09 Aufgabe 4

– Wechselbeziehungen, Populationsdynamik • Beziehungen zwischen Populationen: LOTKA-VOLTERRA-Regeln, Konkurrenz, Koexistenz	08 Aufgabe 3 09 Aufgabe 4
– Verflechtungen in Lebensgemeinschaften • Biomasseproduktion, Trophieebenen, Energiefluss • Biogeochemischer Kreislauf am Beispiel des Stickstoffkreislaufs	Übungsaufgaben 2, 4 Übungsaufgabe 2
– Nachhaltige Nutzung und Erhaltung von Ökosystemen • nachhaltige Bewirtschaftung (chemische Schädlingsbekämpfung, biologischer Pflanzenschutz)	Übungsaufgabe 2 08 Aufgabe 3
C Evolution der Vielfalt des Lebens in Struktur und Verhalten	
– Grundlagen evolutiver Veränderung • Genotypische Variabilität von Populationen (keine Modellberechnungen)	Übungsaufgabe 5
– Art und Artbildung	Übungsaufgaben 1, 5 07 Aufgabe 2 09 Aufgabe 1
– Evolutionshinweise und Evolutionstheorie • Rezente und paläontologische Hinweise (Homologie der Wirbeltiergliedmaßen) • Systematik und phylogenetischer Stammbaum (Grundlegende Zusammenhänge innerhalb des Wirbeltierstammbaumes, vertiefend: phylogenetische Stellung der Primaten)	Übungsaufgabe 5 07 Aufgabe 2 09 Aufgabe 1
• Vergleich und Beurteilung der Ergebnisse unterschiedlicher Analysemethoden; bei der Analyse bzw. Erstellung eines Stammbaumes sind Übereinstimmungen in der DNA-Sequenz und Aminosäure-Sequenz von Proteinen einzubeziehen • Synthetische Evolutionstheorie	Übungsaufgabe 3
– Transspezifische Evolution der Primaten • Einordnung von fossilen und rezenten Hinweisen zur Evolution des Menschen	Übungsaufgabe 3 08 Aufgabe 1
D Steuerungs- und Regulationsmechanismen im Organismus	
– Molekulare und zytologische Grundlagen mit den Schwerpunkten	Übungsaufgabe 6
• Bau und Funktion des Neurons • Erregungsentstehung, Erregungsleitung, Synapsenvorgänge einschließlich molekularer Grundlagen • Synaptische Verschaltung und Verrechnung	07 Aufgabe 1

Die in der Tabelle genannten **Fachbegriffe** sollten Sie **als Oberbegriffe** zu bestimmten Themenkomplexen verstehen. So sind z. B. bei der genannten „Stammbaumanalyse" die Mendel'schen Regeln, autosomale oder gonosomale, dominante oder rezessive Vererbung sowie deren zytologische Grundlagen, d. h. der Vorgang der Meiose (einschließlich Kopplung und Entkopplung von Genen) von Bedeutung. „Mutagene und Mutationen" umfasst hierbei auch die Kenntnis der unterschiedlichen Mutationstypen in der Molekulargenetik.
Das bedeutet, dass auch Inhalte der Jahrgangsstufe 11 sowie der gesamten Sekundarstufe I den Abituraufgaben zugrunde gelegt werden, insofern sie für das Verständnis der Themen des Oberstufenunterrichtes von Bedeutung sind. Dies gilt z. B. für die oben bereits genannten Mendel'schen Regeln, den Aufbau und die Struktur von Proteinen oder die Feinstruktur der Zelle. Ebenso sollten Ihnen organische Moleküle vom Grundaufbau her bekannt sein, sodass sie von Ihnen über die funktionellen Gruppen einer Stoffgruppe (z. B. Aminosäure, Kohlenhydrate) zugeordnet werden können.

1.3 Die Prüfungsaufgaben – Struktur und Anforderungen

Aus den zuvor aufgelisteten Inhalten setzen sich die einzelnen Prüfungsaufgaben zusammen. Die Aufgabenstellungen bestehen aus mehreren Teilaufgaben, deren Schwierigkeitsgrad sich von Frage zu Frage steigert. Jede Aufgabe besteht dabei aus maximal drei Teilaufgaben.
Bei der schriftlichen Abiturprüfung müssen Sie damit rechnen, dass die Ihnen zur Bearbeitung vorgelegten Aufgaben **themenbereichs- und kurshalbjahrübergreifend** sind. Eine Aufgabe aus dem Themenbereich der Evolution benötigt für die erfolgreiche Bearbeitung dann z. B. zusätzlich Kenntnisse aus den Bereichen Ökologie oder Genetik. Sie müssen darauf vorbereitet sein, dass auch innerhalb einer Aufgabe verschiedene Themenbereiche angesprochen werden können. Hier kann es sich als fatal erweisen, wenn Sie „auf Lücke" lernen. In diesem Fall können Sie u. U. eine oder mehrere der Prüfungsaufgaben – aufgrund des fehlenden Hintergrundwissens aus einem weiteren Kurshalbjahr – nicht bearbeiten oder lösen!

Anforderungsbereiche

Sämtliche Prüfungsaufgaben stützen sich auf die für alle Bundesländer vorgeschriebenen „Einheitlichen Prüfungsanforderungen in der Abiturprüfung Biologie" (EPA). Danach enthalten alle Prüfungsaufgaben Teilaufgaben aus drei verschiedenen Anforderungsbereichen:

- **AFB I (Reproduktion):** Sie müssen Ihr gelerntes Wissen wiedergeben können, also z. B. die Zeichnung einer Nervenzelle beschriften.
- **AFB II (Reorganisation/Transfer):** Hierbei geht es um die Anwendung Ihrer Kenntnisse, Sie müssen Ihr Wissen also neu geordnet anwenden können. Es kann z. B. von Ihnen verlangt werden, einen Vergleich in Form einer Tabelle anzufertigen (Reorganisation) oder das im Unterricht Gelernte auf unbekanntes Material sinnvoll anwenden zu können (Transfer).
- **AFB III (Problemlösendes Denken):** Schließlich müssen Sie auch in größeren Zusammenhängen argumentieren können. Hier sollen Sie z. B. Probleme lösen,

Hypothesen aufstellen, einen Lösungsweg oder einen Versuch planen und Entscheidungen bewerten und begründen können.

Der **Schwerpunkt aller Prüfungsaufgaben** liegt dabei immer auf dem **AFB II**, in diesem Bereich können Sie auch die meisten Bewertungspunkte erreichen.

Operatoren

Damit sicher gestellt ist, dass alle Schülerinnen und Schüler unter vergleichbaren Voraussetzungen lernen und geprüft werden, wurden so genannte **Operatoren** für die Aufgaben ausgewählt. Es sind Arbeitsanweisungen, die eine definierte Bedeutung haben und die Sie auf das in der Aufgabe angebotene fachspezifische Material (Texte, Abbildungen, Schemata, grafische Darstellungen, Tabellen etc.) anwenden müssen. Die Handlungsanweisungen signalisieren Ihnen, was *genau* Sie mit den angebotenen Materialien machen sollen.

Während z. B. beim „Nennen" biologische Sachverhalte, Phänomene und Merkmale einfach wiedergegeben oder aufgezählt werden dürfen (AFB I), erfordert das „Bewerten" selbstständige Deutungen und Begründungen in Form strukturierter, zusammenhängender Texte unter Verwendung der komplexen Materialien (AFB III).

Mit dem Arbeitsauftrag „Erläutern Sie" wird von Ihnen die verständliche, anschauliche Darstellung eines Sachverhalts unter Verwendung weiterer Informationen z. B. aus dem Material erwartet, sodass der Leser den Sachverhalt nachvollziehen kann (AFB II). Dabei gibt es auch Überschneidungen, sodass einige der Operatoren zu zwei Anforderungsbereichen gehören können – je nachdem, wie der Inhalt des konkreten Arbeitsauftrags formuliert wurde.

In der folgenden Tabelle finden Sie die alphabetisch geordnete Liste der Operatoren für das Fach Biologie mit Erklärungen und der Zuordnung zu den Anforderungsbereichen. Die Operatoren sowie deren Beschreibung in der folgenden Tabelle sollten Sie sehr genau studieren, damit Sie exakt wissen, was von Ihnen verlangt wird. In der Aufgabensammlung finden Sie außerdem viele Beispiele zum Einsatz dieser Operatoren, an denen Sie den Umgang mit solchen Handlungsanweisungen üben können.

Operator	**Beschreibung der erwarteten Leistung**	**AFB**	**Beispiele***
Ableiten	Auf der Grundlage wesentlicher Merkmale sachgerechte Schlüsse ziehen	III	07 II.2
Analysieren, Untersuchen	Wichtige Bestandteile oder Eigenschaften auf eine bestimmte Fragestellung hin herausarbeiten; Untersuchen beinhaltet ggf. zusätzlich praktische Anteile	II – III	08 III.1 Ü7.1
Auswerten	Daten, Einzelergebnisse oder andere Elemente in einen Zusammenhang stellen und ggf. zu einer Gesamtaussage zusammenführen	II – III	07 I.2 08 II.1

Begründen	Sachverhalte auf Regeln und Gesetzmäßigkeiten bzw. kausale Beziehungen von Ursachen und Wirkung zurückführen	II–III	07 I.2 07 III.3 09 I.1
Beschreiben	Strukturen, Sachverhalte oder Zusammenhänge strukturiert und fachsprachlich richtig in eigenen Worten wiedergeben	I–II	07 III.1 09 III.1 09 IV.2
Beurteilen	Zu einem Sachverhalt ein selbstständiges Urteil unter Verwendung von Fachwissen und Fachmethoden formulieren und begründen	III	07 III.2
Bewerten	Einen Gegenstand an erkennbaren Wertkategorien oder an Beurteilungskriterien messen	III	08 III.3
Darstellen	Sachverhalte, Zusammenhänge, Methoden etc. strukturiert und ggf. fachsprachlich wiedergeben	II	07 I.1 07 III.1 09 III.2 09 IV.3
Diskutieren, Erörtern	Argumente und Beispiele zu einer Aussage oder These einander gegenüberstellen und abwägen	III	08 III.3 09 II.3 09 III.3
Erklären	Einen Sachverhalt mithilfe eigener Kenntnisse in einen Zusammenhang einordnen sowie ihn nachvollziehbar und verständlich machen	II–III	07 I.1
Erläutern	Einen Sachverhalt veranschaulichend darstellen und durch zusätzliche Informationen verständlich machen	II–III	07 I.3 08 I.3 09 I.3 09 II.1 09 II.2
Ermitteln	Einen Zusammenhang oder eine Lösung finden und das Ergebnis formulieren	II–III	Ü6.2
Hypothesen entwickeln/ aufstellen	Begründete Vermutung auf der Grundlage von Beobachtungen, Untersuchungen, Experimenten oder Aussagen formulieren	III	07 III.2 Ü6.3
Interpretieren/ Deuten	Fachspezifische Zusammenhänge in Hinblick auf eine gegebene Fragestellung begründet darstellen	II–III	Ü2.2 08 II.2
Nennen, Angeben	Elemente, Sachverhalte, Begriffe, Daten ohne Erläuterungen aufzählen	I	07 III.1 08 I.3
Protokollieren	Beobachtungen oder die Durchführung von Experimenten detailgenau zeichnerisch einwandfrei bzw. fachsprachlich richtig wiedergeben	I–II	–
Skizzieren	Sachverhalte, Strukturen oder Ergebnisse auf das Wesentliche reduziert übersichtlich grafisch darstellen	II	–

Stellung nehmen	Zu einem Gegenstand, der an sich nicht eindeutig ist, nach kritischer Prüfung und sorgfältiger Abwägung ein begründetes Urteil abgeben	III	07 III.3
Überprüfen, Prüfen	Sachverhalte oder Aussagen an Fakten oder innerer Logik messen und eventuelle Widersprüche aufdecken	II–III	–
Vergleichen	Gemeinsamkeiten, Ähnlichkeiten und Unterschiede ermitteln	II	07 II.1 09 I.2 09 I.3
Zeichnen	Eine möglichst genaue grafische Darstellung beobachtbarer oder gegebener Strukturen anfertigen	I	07 I.2
Zusammenfassen	Das Wesentliche in konzentrierter Form herausstellen	I–II	08 II.2 09 IV.1

*Ü = Übungsaufgabe; angegeben ist die Nummer der jeweiligen Übungsaufgabe und der darin befindlichen Teilaufgabe

1.4 Bewertung

Ihre Fachlehrerin bzw. Ihr Fachlehrer korrigiert und bewertet die Reinschrift der Abiturarbeiten auf der Grundlage eines **vorgegebenen Bewertungsschemas**, in dem eine Beurteilung der von Ihnen zu erbringende Teilleistungen aufgeschlüsselt ist. Diese Aufschlüsselung nennt konkrete Eigenschaften und Merkmale, die eine Bearbeitung der jeweiligen Aufgabenteile enthalten soll. Bei der Bewertung der von Ihnen erstellten Lösung wird deren Brauchbarkeit des Weiteren an den o. g. drei Anforderungsbereichen gemessen. Sie werden bei der Anzahl der maximal zu vergebenden Punkte mit berücksichtigt. Von diesem Bewertungsschema kann die Fachlehrerin bzw. der Fachlehrer *in der Regel* nicht abweichen!
Dies bedeutet allerdings nicht, dass Sie exakt die Formulierungen der Vorgaben wiedergeben müssen. Sie dienen als Orientierung und insofern hat Ihre Lehrerin bzw. Ihr Lehrer einen gewissen „Spielraum“ bei der Benotung. Insgesamt werden bei der Bewertung Ihrer Darstellung sowohl die fachliche Richtigkeit und Vollständigkeit berücksichtigt als auch die Schlüssigkeit Ihrer Argumentation, die Qualität Ihrer Darstellung (klarer Aufbau und richtige Verwendung der Fachsprache) sowie gegebenenfalls die Kreativität und Eigenständigkeit bei Ihren Lösungen. Werden hier von Ihnen bei der Bearbeitung der einzelnen Teilaufgaben weitere, aufgabenbezogene Kriterien erfüllt, die eigentlich nicht vorgesehen sind, können Sie dafür Zusatzpunkte erhalten. Das können Lösungen sein, die im Bewertungsbogen nicht erfasst wurden, fachlich aber richtig sind und von Ihnen schlüssig dargestellt wurden. Hierzu zählen beispielsweise konstruktive Versuchskritik und das Aufstellen begründeter Hypothesen oder, wenn Sie einen biologischen Sachverhalt durch eine eigene Meinung fundiert beurteilen.
Für die Korrektur Ihrer Ausführungen sind detaillierte Randbemerkungen Ihrer Lehrerin bzw. Ihres Lehrers vorgesehen. Die inhaltlichen Leistungen und die Darstel-

lungsleistungen werden bei der Bewertung Ihrer Arbeit gesondert ausgewiesen. Sie gehen mit fachspezifischer Gewichtung in die Gesamtbewertung mit ein. Denken Sie daran, dass *gehäufte* Verstöße gegen die sprachliche Richtigkeit (vor allem Verstöße gegen Rechtschreibung, Grammatik und Satzzeichensetzung, aber auch die äußere Form) zu einer Absenkung der Bewertung Ihrer Abiturarbeit um bis zu 3 Punkte (d. h. um eine komplette Note!) führen kann.
Ihre Arbeit kann mit ausreichend (5 Punkte) bewertet werden, wenn Sie annähernd die Hälfte der im Bewertungsschema beschriebenen Anforderungen erreicht haben. Dies bedeutet, dass rein reproduktive Leistungen des AFB I für ein Bestehen des Abiturs nicht ausreichen! Entsprechend erreichen Sie ein sehr gutes Prüfungsergebnis nur dann, wenn Sie auch Leistungen aus dem AFB III erbringen. Bedenken Sie bitte auch, dass ein mit „gut" beurteiltes Prüfungsergebnis von Ihnen verlangt, zumindest ansatzweise Aufgaben des AFB III zu bearbeiten.
Ihre Arbeit wird, nachdem Ihre Lehrerin bzw. Ihr Lehrer sie korrigiert und benotet hat, von einem zweiten Fachkollegen einer Zweitkorrektur unterzogen. Diese kann von einer Kollegin oder einem Kollegen an Ihrer Schule erfolgen, es ist aber auch möglich, dass die Zweitkorrektur an einer anderen Schule vorgenommen wird.

2 Tipps zum Umgang mit Prüfungsaufgaben

Je nach individueller Veranlagung werden einige von Ihnen diese Vorbemerkungen überspringen und sich direkt auf die Aufgaben stürzen. Vielleicht, weil Sie schon wissen, wie man **sachgerecht** und **ökonomisch** arbeitet oder aus genau dem gegenteiligen Grund: Vielleicht gehen Sie grundsätzlich zu **überhastet** vor und wollen möglichst rasch ans Ziel kommen. Wenn Sie zur zweiten Gruppe gehören sollten, sind – gerade durch Ihr Vorgehen – **Leistungsvermögen** und erbrachte **Leistung** daher oft **nicht deckungsgleich**. Dabei ist es eigentlich ziemlich einfach, ein gutes Ergebnis mit vernünftigem Aufwand zu erreichen.
Im Folgenden daher einige **Tipps**, die allgemein für jede Form von schriftlicher Arbeit gelten und damit über dieses Buch hinaus während der Berufsausbildung oder des Studiums **hilfreich** sein können.
Wir können Ihnen hier nur eine kurze Auflistung der wichtigsten Punkte geben, die Sie beim Bearbeiten der Aufgaben beachten sollten. Ebenso kann an dieser Stelle nur exemplarisch auf einige Aspekte der Analyse von Materialien eingegangen werden.
Weiterführende Hilfestellungen zum Umgang mit Prüfungsaufgaben finden Sie in dem Buch „Training Methoden – Biologie", Stark Verlag Freising (Best.-Nr. 94710), mit dem Sie anhand einer Reihe konkreter Beispiele die prüfungsrelevanten Arbeitstechniken im Fach Biologie trainieren können.

2.1 Ökonomisches Bearbeiten der Aufgaben

Ökonomisches Arbeiten soll in diesem Zusammenhang heißen: eine Klausur in möglichst **kurzer Zeit** möglichst **gründlich** zu bearbeiten.

Ihre Bearbeitung der schriftlichen Abiturprüfung beginnt mit der Auswahl der Aufgaben. Wie bereits angesprochen, sollte diese Auswahl zügig und trotzdem sorgfältig erfolgen. Wichtig ist hierbei, dass Sie sich zunächst einen Überblick über alle Aufgaben und Materialien verschaffen, auch wenn Sie aufgrund der thematischen Überschrift schon eine Vorentscheidung gefällt haben. Vielleicht verbirgt sich in der Aufgabe ein „Haken", den Sie bei der schnellen Durchsicht nicht gesehen haben!
Zur weiteren Bearbeitung der Aufgaben hilft es, wenn Sie sich vor der Klausur zu Hause einen Plan erstellen, wie Sie an die einzelnen Aufgaben herangehen sollen. Etwaige Nervosität in der Abitur-Prüfung wird dadurch übrigens vermindert, da Sie nach gewohnter Routine vorgehen können. Dieser **Plan** kann z. B. wie folgt aussehen:

- **Lesen** Sie sich die Aufgabenstellung sorgfältig durch, lassen Sie sich **Zeit**. Achten Sie dabei besonders auf die Operatoren. Versuchen Sie sich klarzumachen, worum es in der Aufgabe geht. Hierbei hilft Ihnen oft das Thema der Aufgabe.
- **Markieren** Sie beim Durcharbeiten des Aufgabentextes mit einem Stift – am besten mit einem Textmarker – wichtige Textstellen und Schlüsselbegriffe. (Werden unterschiedliche Sachverhalte in den Teilaufgaben angesprochen, kann es hilfreich sein, mit mehreren Farben zu arbeiten!)
- Lassen Sie sich **nicht** von der Aufgabenstellung **erschrecken**, solange Sie sich das Material nicht angeschaut haben. Oft klingt eine Fragestellung komplizierter, als sie nach Durchsicht der Materialien wirklich ist.
- Arbeiten Sie nun das **Material** durch und versuchen Sie bereits jetzt die Abbildungen, Graphen, Tabellen etc. den einzelnen Aufgabenstellungen zuzuordnen. Ein wichtiger Tipp: Oft gibt es regelrechte **Schlüsselwörter**, mit denen eine ganze Aufgabe gelöst werden kann. Wer z. B. in einem Populationsgraphen eine Räuber-Beute-Beziehung entdeckt, der hat bestimmt schon die Hälfte der Aufgabe gelöst! Achten Sie also auf solche **Zusammenhänge**.
- Gehen Sie bei Ihrer Arbeit **systematisch** vor. Bleiben Sie so lange bei einem Aufgabenteil bzw. den dazugehörigen Materialen, bis Sie diesen Teil erschöpfend bearbeitet haben.
- Wenn das Material trotz intensivster Anstrengungen nicht „zu Ihren Überlegungen passen will", **verwerfen** Sie Ihre (sicherlich falsche) Hypothese möglichst rasch – alles andere kostet nur unnötig Zeit.
- Erstellen Sie zu Ihren Überlegungen eine **Skizze** (z. B. eine *mind map*), aus der für Sie Ihr **Lösungsweg** hervorgeht. Das Ganze sollte nicht mehr als ein roter Faden sein – alles andere kostet nur unnötig Zeit. Ordnen Sie in dieser Skizze unbedingt die einzelnen Materialien Ihrem Argumentationsweg zu.

2.2 Arbeiten mit Grafiken und Tabellen

Ein wesentlicher Bestandteil biologischer Aufgabenstellungen ist die Analyse von Material in Form von Tabellen sowie Grafiken. Die umfassende Untersuchung der dargestellten Sachverhalte ist oft der Schlüssel zu einer erfolgreichen Lösung der Aufgabe.

Daten aus biologischen Experimenten werden häufig in Form von **Tabellen** zusammengefasst. Eine andere Art der Darstellung von Zahlenmaterial sind die zu den Grafiken zählenden **Diagramme**. Zur Auswertung einer Tabelle oder eines Diagramms gibt es einige Grundregeln, die sich auf fast alle Tabellen und Diagramme unterschiedlichen Aufbaus und Inhaltes anwenden lassen:

- Welche Größen sind in der Tabelle/dem Diagramm dargestellt? Achten Sie auf die Überschriften und den Begleittext.
- Was für ein Diagrammtyp liegt vor (z. B. Säulendiagramm, Optimumkurve)?
- Welche Größen sind gegeneinander aufgetragen? Welche ist die variable, welche die abhängige Größe?
- Was sind die Bezugsgrößen: Zahlenarten (absolute Zahlen, Prozentzahlen), Zahlenwerte (gerundet, geschätzt, vorläufig)?
- Welche Auffälligkeiten/Tendenzen sind zu erkennen?
- Was wurde mit welcher Methode untersucht?
- Welche Kategorien werden miteinander in Beziehung gesetzt (z. B. bei Tabellen in Kopfzeile, Spalten und Vorspalten)?
- Welche Besonderheiten weist das Material auf? Bestimmen Sie wesentliche Auffälligkeiten!
- Welche Hauptaussagen lassen sich formulieren (Trends/Tendenzen)?
- Welche Teilaussagen lassen sich machen (Minima, Maxima, Optimum, Zunahme, Abnahme, Stagnation, Zahlensprünge, Anomalien, Gleichmäßigkeiten und regelhafte Verläufe, unterschiedliche Phasen, Wechselbeziehungen zwischen verschiedenen Variablen/Merkmalen ...)?
- Welcher Arbeitsauftrag ist mit dem Diagramm/der Tabelle verbunden? (Unabhängig davon sollten Sie Ihre Lösung unbedingt damit beginnen, eine kurze Beschreibung der Darstellung auf der Basis der o. g. Fragestellungen zu geben.)
- Welche Antwort gibt die Tabelle/das Diagramm auf die Fragestellung? Zu welchen Teilbereichen lassen sich keine Aussagen treffen?
- Welche Aussagen werden durch die Daten nahe gelegt?
- Welche neuen Fragen werden durch die Informationen der Tabelle/des Diagramms aufgeworfen?
- Was sind mögliche Ursachen für die Sachverhalte, welche Sie der Tabelle/dem Diagramm entnommen haben?

Abbildungen in der Biologie zeigen meist entweder Strukturen (z. B. einen Blattquerschnitt) oder Prozesse (z. B. die Proteinbiosynthese). Der erste Schritt Ihrer Lösung sollte auch hier immer darin bestehen, die bildlich dargestellte Information in Worte zu fassen. Die weitere Analyse ist dann sehr stark von der Art der Abbildung und der damit verbundenen Fragestellung abhängig. Aber auch hier gibt es wieder einige Grundregeln, die zu beachten sind:

- Wie ist die Abbildung zustande gekommen? Ist es z. B. die Skizze eines mikroskopischen Bildes oder die schematische Darstellung eines Experimentes? (Beachten Sie dabei auch den vorangestellten Text, die Bildunterschrift und die angegebene Quelle.)

- Welchem Themengebiet ist die Abbildung zuzuordnen (z. B. Evolutionsbiologie oder Molekulargenetik)?
- Was wissen Sie über die dargestellten Strukturen oder Abläufe? Welche Fachbegriffe können Sie hier zuordnen?
- Was sind die wichtigen Merkmale der dargestellten Objekte oder Sachverhalte? Vergleichen Sie Teilabbildungen miteinander. Formulieren Sie Kern- und Teilaussagen.
- Welche Arbeitsanweisung ist mit der Abbildung verknüpft? Sollen Sie z. B. die Abbildung zur Begründung oder Erläuterung eines Sachverhaltes verwenden oder wird von Ihnen eine Hypothese über den Ablauf eines dargestellten Experimentes erwartet?
- Welche für die Beantwortung der Fragestellung relevanten Informationen lassen sich aus den Darstellungen entnehmen und welche Fragen stellen sich?
- Welche Ursachen und Mechanismen könnten hinter den dargestellten Prozessen stecken? Wie sind auftretende Besonderheiten zu erklären?

2.3 Darstellen der Ergebnisse

Bei der Erstellung Ihrer Lösungen sollten Sie sich, neben der fachlichen Richtigkeit, um **sprachliche Richtigkeit und eine angemessene äußere Form** bemühen. Alle Antworten sollten Sie (sofern es nicht ausdrücklich anders verlangt ist, z. B. die Angabe als Tabelle oder Skizze) durchgehend **in vollständigen Sätzen** unter Verwendung der passenden **Fachbegriffe** formulieren.
Auch wenn zur Beantwortung der Aufgabe kein Fließtext gefordert wird, sollten die unkommentierte Aufzählung einzelner Schlagworte (Ausnahme: Operator „Nennen") sowie unbeschriftete Skizzen und Tabellen vermieden werden. Bei allen Lösungen sollten Sie außerdem beachten,

- dass Sie sich bei der Bearbeitung der Aufgabe an den Operator der Aufgabenstellung halten, damit Sie die **Lösung im Sinne der Aufgabenstellung** erstellen. Sie sollten z. B. beim Operator „Nennen/Angeben" keine weiteren Erklärungen angeben, dies wäre auch nicht im Sinne einer zweckmäßigen Zeiteinteilung bei der Prüfung.
- dass die Darstellung **logischen und erkennbaren Ordnungsprinzipien** folgt. Für längere Teilantworten bietet sich die „klassische", aus dem Deutschunterricht bekannte Einteilung in eine kurze Einleitung (hier reichen meist 1–2 Sätze), einen in sinnvolle Absätze gegliederten Hauptteil und einen Schlusssatz an.
- dass die Ausführungen **eindeutig formuliert** sind und soweit sinnvoll auch mit anderen Teilen Ihrer Klausur verknüpft werden.
- dass Sie immer dann, wenn Sie **Abkürzungen** verwenden – sofern es sich nicht um Standardabkürzungen wie DNA, ATP, o. Ä. handelt – diese immer ausschreiben (z. B. PKU = Phenylketonurie). Ungebräuchliche Abkürzungen werden allgemein als Rechtschreibfehler angesehen und gewertet.

Zum Schluss sollten Sie – sofern es möglich ist – noch einmal 10 bis 20 Minuten einplanen, um Ihre Lösungen noch einmal zu lesen und eventuelle Fehler (Grammatik,

Zeichensetzung, Rechtschreibung) zu berichtigen. Denken Sie daran, dass Ihnen für eine mangelhafte äußere Form bis zu drei Notenpunkte abgezogen werden können! Achten Sie auch darauf, dass Ihre Verweise auf Abbildungen korrekt sind. Eine **lesbare Schrift** und eine **übersichtliche Gestaltung** sind deshalb besonders wichtig. Zuletzt sollten Sie die Seiten vollständig durchnummerieren.

3 Hinweise zur Benutzung dieses Buches

Dieses Buch enthält sieben **Übungsklausuren im Stil des Zentralabiturs 2010 in Nordrhein-Westfalen** und **alle Grundkursaufgaben der Abitur-Jahrgänge ab 2007** mit Arbeitsaufträgen, Materialien und ausgearbeiteten Lösungen. Vor jedem Lösungsvorschlag finden Sie die in der Aufgabe thematisierten **Schwerpunkte** bzw. die für die Lösung geforderten **Vorkenntnisse.**
Nach diesen allgemeinen Hinweisen zur Lösung der Aufgabe folgen die **Lösungsvorschläge**. Jeder Lösungsvorschlag ist zusätzlich mit **methodischen Hinweisen** versehen. Diese Hinweise erläutern – sofern nötig – kurz die Herangehensweise an die Teilaufgabe und geben Ihnen konkrete Tipps, was bei der jeweiligen Aufgabe zu beachten ist. Alle Tipps und Hinweise erkennen Sie an den Rauten am Seitenrand.

Abitur-Prüfung Biologie (NRW) – Grundkurs
Übungsaufgabe 1: Evolution

Artentstehung beim Salbei

1 Stellen Sie den Vorgang der allopatrischen Artbildung nach der Vorstellung der synthetischen Evolutionstheorie dar.

2 Erläutern Sie, wie sich bei den dargestellten Salbei-Arten die Artbildung vollzogen hat.

3 Begründen Sie anhand des Materials, welche Faktoren zur reproduktiven Isolation der beiden Arten beitragen.

Material: Salbei-Arten

In Kalifornien gibt es zwei nahe miteinander verwandte Salbei-Arten, die von verschiedenen Bienen bestäubt werden. *Salvia mellifera* wird von Honigbienen und kleineren Bienenarten besucht, während *S. apiana* nur von großen Holzbienen *(Xylocopa)* erfolgreich bestäubt werden kann. In dem gemeinsamen Verbreitungsgebiet (in Abb. 1 punktiert) können hin und wieder Hybriden entstehen, die allerdings selbst unfruchtbar sind.

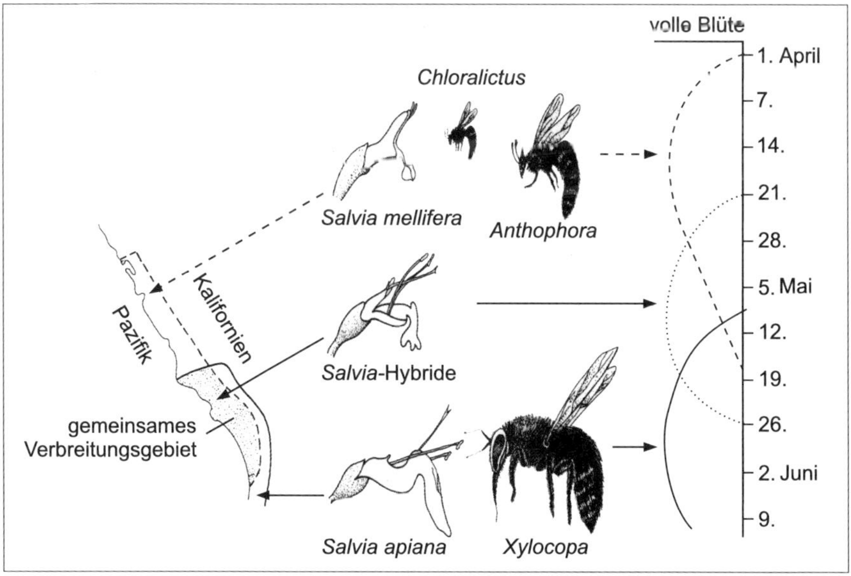

Abb. 1: Reproduktive Isolation bei Salbei-Arten in Kalifornien

aus: Heß, Die Blüte © 1990 Verlag Eugen Ulmer, Stuttgart

Lösungsvorschlag

In der Aufgabe thematisierte Unterrichtsinhalte sind:
Evolution: allopatrische Artbildung durch Separation, reproduktive Isolation, Koevolution

1 Die synthetische Evolutionstheorie geht davon aus, dass die Aufspaltung einer Art in zwei neue Arten auf Veränderungen in Teilpopulationen beruht, die letztendlich zu einer reproduktiven Isolation führen. Diese reproduktive Isolation beruht auf Mutationen, also Veränderungen im Genpool beider Populationen. Bei der allopatrischen Artbildung ist die Voraussetzung dafür eine Separation beider Populationen über einen längeren Zeitraum. Dabei findet kein Genaustausch zwischen beiden Populationen statt, sodass sich in ihren Genpools durch Mutation und Rekombination allmählich immer mehr Unterschiede anhäufen. Wenn daraus auch stärkere phänotypische Veränderungen folgen, können die Individuen der beiden Populationen sich nicht mehr miteinander fortpflanzen, es entsteht reproduktive Isolation. Das bedeutet, dass bei einem erneuten Zusammentreffen der beiden Populationen sich beide als zwei verschiedene Arten verhalten.

2 Die Teilaufgabe 1 legt nahe, dass auch bei den beiden Salbei-Arten eine allopatrische Artbildung stattgefunden hat. Beziehen Sie also Ihre allgemeinen Ausführungen in Aufgabenteil 1 auf die in Abbildung 1 dargestellten Arten und deren Verbreitungsräume.

Salvia mellifera hat ihren Verbreitungsschwerpunkt im Küstenbereich des nördlichen Kalifornien, *S. apiana* ist dagegen an der südkalifornischen Küste verbreitet. Beide Areale überlappen sich allerdings. Hier zeigt sich, dass es sich um echte biologische Arten handelt, da zwar Hybriden zwischen beiden zwar entstehen können, diese aber selbst nicht mehr fruchtbar sind. *(Eine Art besteht nach dem biologischen Artbegriff aus Individuen, die sich untereinander fruchtbar fortpflanzen können, d. h. auch ihre Nachkommen sind wiederum fruchtbar.)*
Die überlappende Verbreitung sowie die Fähigkeit zur Hybridisierung machen es wahrscheinlich, dass beide Arten allopatrisch aus einer gemeinsamen Ursprungsart hervorgegangen sind. Dabei muss sich die ursprüngliche Population in eine nördliche und eine südliche separiert haben, sodass kein Genaustausch zwischen ihnen stattfinden konnte.
Aufgrund des fehlenden Genaustausches veränderten sich beide Genpools durch Mutation und Rekombination unabhängig voneinander in zufälliger Weise.
Ausschlaggebend für die Evolutionsrichtung waren dabei die unterschiedlichen Selektionsbedingungen in beiden Populationen, vor allem die durch im Material dargestellten unterschiedlichen Bestäuber *(aber auch z. B. Klimaunterschiede, Konkurrenz durch andere Pflanzen)*. Es fand also transformierende Selektion unabhängig voneinander in beiden Populationen statt.
Beim erneuten Zusammentreffen der Arten im gemeinsamen Verbreitungsgebiet ist nun aufgrund von reproduktiver Isolation keine Vermischung mehr möglich.

3 Dass für diese Aufgabe nur ein Material zur Verfügung gestellt wird, muss nicht heißen, dass es auch nur einen Isolationsfaktor gibt. Werten Sie den Text und die Abbildung gründlich daraufhin aus, welche Hinweise auf Mechanismen, die die Fortpflanzung der beiden Arten miteinander verhindern, hier gegeben werden.

Die reproduktive Isolation beider Arten beruht auf mehreren Faktoren:
Die Blüten sind unterschiedlich groß und werden deshalb von verschieden großen Bienenarten bestäubt. Auch der Bau der Blüten ist unterschiedlich: Bei *S. mellifera* ist sie röhrenförmig geschlossen, während die Blüten von *S. apiana* oben offen sind, hier ragen Griffel und Staubblätter frei heraus. Wenn die kleineren Bienenarten, die *S. mellifera* bestäuben, eine Blüte von *S. apiana* besuchen, ist eine Übertragung des Pollens eher unwahrscheinlich, da die Narben am Griffelende sehr weit von der Biene angesteuerten Nektarquelle am Grund der Blüte entfernt ist. Außerdem würde sie vermutlich die Blüte von oben anfliegen und die Narbe mit der Bauchseite berühren, während sie den Pollen von *S. mellifera* – nach der Blütenform zu urteilen – am Rücken aufnimmt.
Ein zweiter Unterschied zwischen den beiden Arten liegt in der Blütezeit. *S. mellifera* blüht von Anfang April bis Mitte Mai, *S. apiana* dagegen von Mitte Mai bis Ende Juni. Gleichzeitiges Blühen findet nur etwa eine Woche lang statt (Mitte Mai). Die reproduktive Isolation beruht also auf ökologischer (zeitlicher) Isolation wie auch auf mechanischer Isolation aufgrund des unterschiedlichen Blütenbaus bzw. der unterschiedlichen Größe der Bestäuber.
Darüber hinaus lässt die gelegentliche Entstehung unfruchtbarer Hybriden darauf schließen, dass neben diesen präzygotischen Isolationsmechanismen auch postzygotische eine Rolle spielen. Wenn eine Bestäubung zwischen beiden Arten stattfindet, führt die anschließende Entwicklung zu einem unfruchtbaren Individuum.

Abitur-Prüfung Biologie (NRW) – Grundkurs
Übungsaufgabe 2: Ökologie

Biomasseproduktion im Ökosystem Wald

1 Stellen Sie zunächst den Unterschied zwischen Brutto- und Netto-Primärproduktion dar und leiten Sie anschließend aus diesem Sachverhalt eine einfache mathematische Gleichung ab!

2 Beschreiben Sie das in Material B dargestellte Diagramm und erläutern Sie die hieraus ableitbare Schlussfolgerung! Interpretieren Sie anschließend das Ergebnis vor dem Hintergrund des Energiebedarfs einer größer werdenden Pflanze!

3 Beschreiben Sie zunächst das in Material C dargestellte Diagramm und deuten Sie den Kurvenverlauf der BPP in Abhängigkeit von den genannten Altersphasen des Baumbestandes. Erklären Sie dabei auch den Verbleib der Pflanzenproduktion, deren Masse mit der schraffierten Fläche des Diagramms wiedergegeben ist.

Material A: Produktion, Produzenten und Produktivität

Einige der im Wirtschaftsleben häufig verwendeten Begrifflichkeiten sind von der Biologie übernommen und auf ihre Sachverhalte angewendet worden. Dies gilt vor allem für den Begriff der „Produktion“: Die Biomasse-„Produktion“ der „Produzenten“, in der Regel der grünen Pflanzen, ist für die „Produktivität“ eines Ökosystems wie dem europäischen Laubwald von Bedeutung.
Die Bewertung der Produktivität ist dabei – vor allem bei wirtschaftlich genutzten Beständen – entscheidend. Zum Beispiel wird die Produktivität von Waldbeständen vor allem im erzielbaren Holzzuwachs pro Hektar Waldbestand bewertet. Um eine nachhaltige Forstnutzung zu sichern, darf hier der Jahresumfang des Holzhiebes den jährlichen Zuwachs der Holzvorräte nicht übersteigen.
Ein Beispiel: Die Waldfläche Lettlands beträgt 2,9 Millionen Hektar, davon werden ca. 473 000 ha Laubwald wirtschaftlich genutzt. In den bewirtschafteten Wäldern beläuft sich der jährliche Holzzuwachs auf 7,04 Millionen Kubikmeter. Von diesem Holzvorrat wurden in der Zeit von 2000 bis 2002 jährlich lediglich 3,8 Millionen Kubikmeter Holz geschlagen, um das Ökosystem nicht übermäßig zu schädigen.

Material B: Brutto- und Nettoprimärproduktion

Beim Wachstum der Bäume, wie bei allen terrestrischen (bodenständigen) Blattpflanzen, erhöht sich ihre Biomasse im Verhältnis zu der von ihnen genutzten Landfläche. Diese Produktivität oder Biomasseproduktion wird bei den Pflanzen, da sie am Beginn der Nahrungskette stehen, auch als Primärproduktion bezeichnet. Hierbei unterscheidet man in der Ökologie zwischen der Bruttoprimärproduktion (BPP) und der Nettoprimärproduktion (NPP).

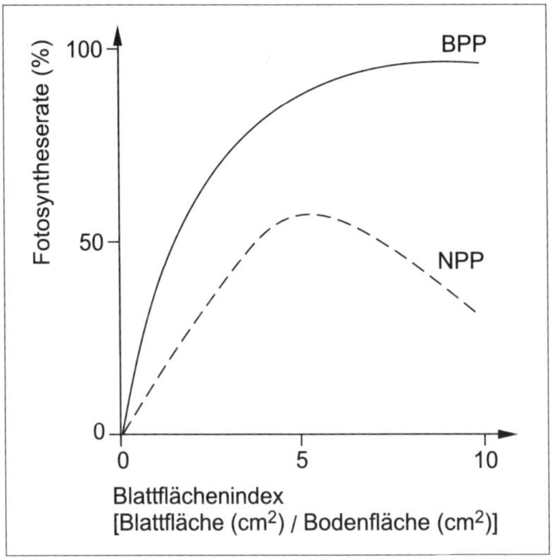

Abb. 1: Brutto- und Nettoprimärproduktion in einem Laubwald

nach: Müller, Hans J., Ökologie, Gustav Fischer Verlag Stuttgart 1984
© Elsevier GmbH

Material C: Brutto- und Nettoprimärproduktion beim Wachstum eines Waldes mit einheitlichem Baumbestand

Die Produktivität eines wirtschaftlich genutzten Waldes ist neben Standortfaktoren (Bodenbeschaffenheit, Temperatur etc.) vor allem auch vom Alter der Bäume abhängig: Wälder in unterschiedlichen Stadien ihres Wachstums sind unterschiedlich produktiv. Beim Aufwachsen eines einheitlichen Baumbestandes kann man in der Aufbau-, Reife- und Altersphase eine charakteristische Änderung der Produktivität beobachten, sowohl was die BPP als auch die NPP betrifft.

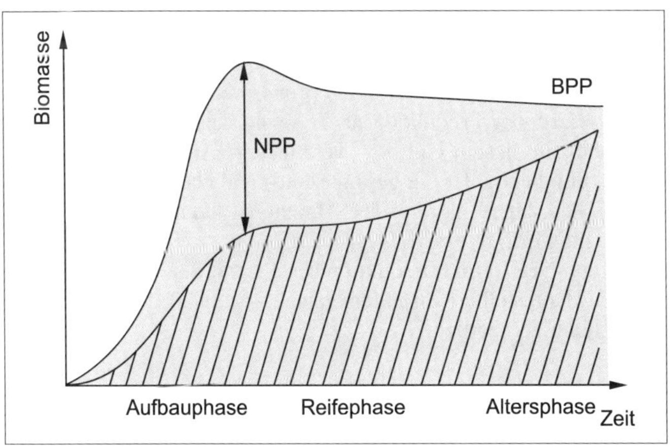

verändert nach: Sitte, P., Weiler, E. W., Kadereit, J. W., Bresinsky, A., Körner, C.: Strasburger: Lehrbuch der Botanik für Hochschulen, 35. Auflage 2002
© Spektrum Akademischer Verlag, Heidelberg

Lösungsvorschlag

In der Aufgabe thematisierte Unterrichtsinhalte sind:
Ökologie: Biomasseproduktion, Bruttoprimärproduktion, Nettoprimärproduktion, Erhaltung von Ökosystemen, Methoden der Bestandsaufnahme

1 *Bei der Bearbeitung der ersten Teilaufgabe empfiehlt es sich, systematisch vorzugehen: Zunächst sollten Sie die zur Bearbeitung vorgegebenen Begriffe möglichst genau bestimmen und dabei alle Wortteile (Brutto-, Netto-, Primär- und Produktion) ansprechen. Vor allem ist hier bei den Überlegungen zu berücksichtigen, dass es sich bei pflanzlichen Organismen nicht nur um reine Produzenten handelt. Auch Pflanzen haben einen Stoffwechsel, in dem sie Biomasse „veratmen". Ausgehend von diesen Begriffsbestimmungen kann dann die Herleitung der im zweiten Teil der Aufgabe geforderten einfachen mathematischen Gleichung erfolgen.*

Die Produktion von Biomasse ist in einem Ökosystem von zentraler Bedeutung, wobei diese sowohl von autotrophen (grüne Pflanzen und Mikroorganismen) als auch von heterotrophen Organismen (Tiere und Mikroorganismen) erzeugt wird. Das „Betriebskapital" innerhalb eines Ökosystems stellt dabei die organische Substanz dar, die von den grünen Pflanzen im Prozess der Fotosynthese aus Strahlungsenergie der Sonne und anorganischen Substanzen erzeugt wird. Damit stehen die grünen Pflanzen am Beginn aller organischen Stoffbeziehungen innerhalb des Ökosystems. Aufgrund dieser Tatsache bezeichnet man die gesamte fotosynthetisch *(und auch chemosynthetisch durch Mikroorganismen)* erzeugte Biomasse als Primärproduktion. Diese gesamte produzierte Biomasse wird auch als Bruttoprimärproduktion (BPP) bezeichnet. Der Begriff brutto bedeutet „ohne Abzug", d. h. der Wert der Bruttoprimärproduktion beschreibt die gesamte fotosynthetisch *(und chemosynthetisch)* erzeugte Biomasse ohne jeden Substanzverlust. Dieser Wert ist aber nur ein theoretischer. Er berücksichtigt nicht, dass bei den Produzenten unvermeidbare Verluste an Biomasse durch die Respiration (Atmung) auftreten. Diesem Sachverhalt trägt der Begriff der Nettoprimärproduktion (NPP) Rechnung, d. h. der „reine Wert" der Produktion nach Abzug derjenigen Größen, die den „Ertrag" vermindern (in diesem Fall des „veratmeten" Anteils). Dieser Wert der Nettoprimärproduktion beinhaltet die gesamte foto- und chemosynthetisch erzeugte Biomasse ohne den Anteil, der bei der Atmung (während der Produktion der Biomasse) verbraucht wird.

Die zwischen Brutto- und Nettoprimärproduktion bestehende Beziehung lässt sich – aufgrund der gerade dargestellten Zusammenhänge – anhand einer einfachen mathematischen Gleichung verdeutlichen:

$P_n = P_b - R$

Hierbei steht P_n für die Nettoprimärproduktion, P_b für die Bruttoprimärproduktion und R für den Respirationsverlust durch die Atmung des Pflanzenbestandes.

2 *Bei der Arbeit mit Diagrammen kommt es zunächst immer darauf an, dass das Diagramm selber in seinen dargestellten Einzelheiten klar erkannt wird. Eine exakte Beschreibung ist hierbei hilfreich. Im Anschluss hieran können Sie die dargestellten Sachverhalte leichter analysieren und erläutern.*

An der Ordinate (y-Achse) des Diagramms ist die erreichte Fotosyntheserate in Prozent aufgetragen. Die Abszisse (x-Achse) gibt den Wert wieder, der sich aus dem Quotienten von Blattfläche zu Bodenfläche – jeweils ausgedrückt im Flächenmaß Quadratzentimeter – ergibt (Blattflächenindex). Der Graph der Bruttoprimärproduktion steigt zunächst bis zu einem Blattflächenindex von 4 stark an bis auf eine Fotosyntheserate von ca. 80 %. Hiernach verlangsamt sich der Anstieg etwas. Ab einem Blattflächenindex von 8 wird bei der Bruttoprimärproduktion mit der Fotosyntheserate von fast 100 % das Maximum erreicht. Der Graph der Bruttoprimärproduktion strebt im Folgenden einem Grenzwert zu *(typischer Verlauf einer Sättigungskurve)*.
Auch der Graph der Nettoprimärproduktion steigt zunächst an, wobei der Anstieg hier deutlich flacher verläuft und bei einem Blattflächenindex von ca. 5 mit ca. 55 % Fotosyntheserate sein Maximum erreicht. Sobald der Blattflächenindex den Wert 5 überschritten hat, fällt die Kurve deutlich ab *(typischer Verlauf einer Optimumkurve)*. Sie erreicht bei einem Index von 10 wieder den gleichen Wert der Fotosyntheserate von ca. 25 % wie beim entsprechenden Blattflächenindex von 2. Die Maxima der Brutto- und der Nettoprimärproduktion fallen nicht zusammen, wie aus der Fotosyntheserate – als einem Maß für die Produktivität der autotrophen Pflanzen – in Relation zum Blattflächenindex zu ersehen ist.
Aus dem unterschiedlichen Verlauf der beiden Graphen kann Folgendes geschlossen werden: Im Unterschied zur Nettoprimärproduktion erhöht sich die Bruttoprimärproduktion (d. h. die Fotosyntheserate) deutlich, ohne im betrachteten Indexmaß abzufallen. Die vergrößerte Assimilationsfläche wirkt sich damit zwar produktionssteigernd auf die Brutto-, nicht aber auf die Nettoprimärproduktion aus. Der Wert der Nettoprimärproduktion enthält die Biomasse, die von den grünen Pflanzen „veratmet" wurde, nicht mehr (Respirationsverlust). Hieraus kann man schlussfolgern, dass der Abfall der Kurve darauf zurückzuführen ist, dass die Pflanzen aufgrund des erhöhten Blattflächenindex deutlich mehr Biomasse selber verbrauchen.
Bei einer wachsenden terrestrischen Blattpflanze erhöht sich die Assimilationsfläche und damit das Verhältnis von Blattfläche zu Bodenfläche ständig. Der Aufbau neuen Pflanzengewebes erfordert aber einen erhöhten Energieeinsatz, da nicht nur produktives Assimilationsgewebe, sondern in großem Umfang auch Stütz- und Festigungsgewebe ohne fotosynthetische Funktion von den Pflanzen aufgebaut werden müssen. Ab einem bestimmten Punkt, der in diesem Beispiel bei einem Blattflächenindex von 5 liegt, läuft die Entwicklung der Netto- und der Bruttoprimärproduktion in entgegengesetzte Richtungen. Unter Berücksichtigung des erhöhten Energiebedarfs einer größer werdenden Pflanze ist zu schließen, dass Bäume nicht unendlich „in den Himmel" wachsen können. Bei jedem Größenwachstum wird – abgesehen von der inneren Stabilität des Pflanzenkörpers – irgend-

wann ein Punkt erreicht, an dem die Pflanze nicht weiter wachsen kann, da sämtliche von ihr produzierte Biomasse sofort für ihre Respiration benötigt wird.

3 *Hier gilt Gleiches wie bei der vorigen Teilaufgabe. Der Besonderheit des Fehlens konkreter Zahlenwerte muss bei der Beschreibung des Diagramms Rechnung getragen werden, ohne dabei in der Ausdrucksweise ungenau oder „unsauber" zu werden. Zur Erleichterung der eigenen Arbeit empfiehlt es sich daher, wenn möglich selber Zahlenwerte als „relative Einheiten" zu setzen. Sinnvollerweise wählt man dabei beim höchsten Wert auf der Achse die Ziffer 10 oder 100.*

An der Ordinate (y-Achse) des Diagramms ist die Menge der Biomasse aufgetragen – ohne dass hierbei konkrete Zahlenwerte angegeben werden. Die Abszisse (x-Achse) gibt die Altersphasen des betrachteten Baumbestandes an – auch hier werden keine konkrete Angaben über die jeweils verstrichenen Zeitabschnitte gemacht. Da im letzten Fall trotz des Fehlens genauer Zeitangaben die wesentlichen Altersphasen des betrachteten Baumbestandes angegeben sind, ist hier das Einfügen eigener Werte für einen Vergleich der Graphen nicht notwendig. Anders verhält es sich bei der Biomasseproduktion: Hier empfiehlt es sich, für einen Vergleich der dargestellten Kurven eigene „relative Zahlenwerte" zu setzen, wie im Folgenden verdeutlicht:

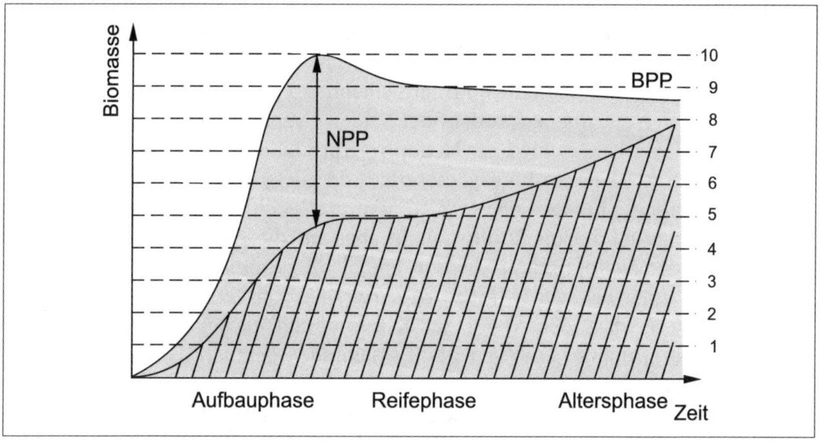

Der Graph der Bruttoprimärproduktion steigt während der Aufbauphase des Baumbestandes steil an und erreicht am Ende dieser Phase mit dem Wert 10 sein Maximum. Während der sich anschließenden Reifephase fällt die Bruttoprimärproduktion auf und danach unter den Wert 9 ab. Dieser leichte Abwärtstrend im Verlauf der Kurve setze sich auch in der Altersphase fort, ohne den Wert 8 aber zu erreichen. Die zweite im Diagramm eingezeichnete Kurve kann nicht der Graph der Nettoprimärproduktion sein, denn dieser Parameter wird durch den Flächeninhalt zwischen den beiden Graphen ausgedrückt. Da sich die Bruttoprimärproduktion von der Nettoprimärproduktion dadurch unterscheidet, dass bei Letzterer der Respirationsverlust mit berücksichtigt ist, muss die gestrichelte Kurve die veratmete

Biomasse innerhalb des betrachteten Baumbestandes symbolisieren. Der zweite Graph des Diagramms gibt also die konkrete Menge an Biomasse an, die beim Wachstum bzw. bei der Erhaltung des Baumbestandes verwendet wird. Sein Verlauf ist zunächst auch steigend, aber wesentlich geringer als derjenige der Bruttoprimärproduktion. Am Ende der Aufbauphase ist der Wert der veratmeten Biomasse genau halb so groß wie derjenige der BPP, was bedeutet, dass 50 % der produzierten Biomasse sofort von den Bäumen wieder umgesetzt wird. Dieser Wert steigt – unterbrochen durch eine kurzzeitliche Abflachung während der Reifephase – kontinuierlich an. Das bedeutet, dass die Biomasseverluste durch Respiration mindestens 30, oft sogar 50–60 % des Wertes der Nettoprimärproduktion betragen.
Während der Altersphase des Baumbestandes werden zunächst 7 und dann fast 8 Einheiten der Biomasseproduktion für die Atmung verwendet. Setzt man diese Werte in Relation zur Bruttoprimärproduktion, so wird in der Altersphase des Baumbestandes fast die gesamte Biomasseproduktion für das Aufrechterhalten der Lebensprozesse verwendet. Nur ein verschwindend geringer Anteil von weniger als einer relativen Einheit steht schließlich für ein weiteres Wachstum der Bäume zur Verfügung.
Betrachtet man die Nettoprimärproduktion insgesamt, die durch den Flächeninhalt zwischen den Graphen der Bruttoprimärproduktion und der Atmungsverluste an Biomasseproduktion verdeutlicht wird, so lässt sich das Folgende zusammenfassend feststellen: Sowohl in der frühen Aufbauphase als auch in der Altersphase des Baumbestandes ist die Menge an Biomasse, die zum Aufbau neuen Assimilationsgewebes zur Verfügung steht, gering. Hier hat der Aufbau „unproduktiver" Pflanzenteile wie Wurzeln und Sprossachsen Vorrang. Erst mit einem Fortschreiten der Aufbauphase und über den größten Teil der Reifungsphase hinweg steht genügend Biomasse zur Verfügung, um fotosynthetisch aktive Pflanzenteile zu erzeugen und damit den Baumbestand nennenswert zu erweitern.

Abitur-Prüfung Biologie (NRW) – Grundkurs
Übungsaufgabe 3: Evolution

Verwandtschaft des Menschen

1 Vergleichen Sie anhand von Material A die Skelettmerkmale von Mensch und Schimpanse unter Berücksichtigung ihrer Funktion.

2 Begründen Sie mithilfe von Material A die verwandtschaftliche Stellung von X anhand seiner Skelettmerkmale.

3 Erklären Sie das Verfahren des Präzipitintests und erläutern Sie die in der Tabelle (Material B) angegebenen Werte. – Stellen Sie eine begründete Hypothese auf, in welchem Bereich das Ergebnis eines Präzipitintests von Mensch/X liegen könnte.

Material A: Skelettvergleich

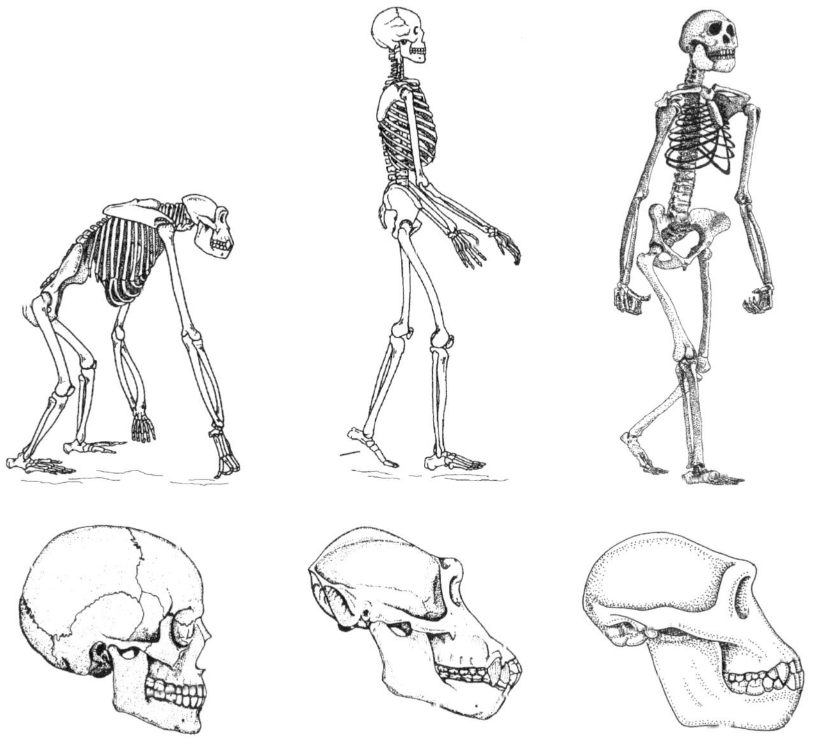

Mensch
Homo sapiens

Schimpanse
Pan troglodytes

„X"
ein fossiler Skelettfund

Skelett von „X" aus: Schrenk, Friedemann: Die Frühzeit des Menschen, der Weg zum Homo sapiens, C.H. Beck WISSEN in der Beck'sche Reihe, Band 2059. Zeichnung erstellt von Claudia Schnubel; Schädel von Mensch und Schimpanse aus: Henke Winfried, Rothe Hartmut: Der Ursprung des Menschen: unser gegenwärtiger Wissensstand, 5. Auflage 1980, Gustav Fischer Verlag Stuttgart, S. 40, Abb. 5

Material B: Tabelle des Präzipitintests verschiedener Primaten

Primat	Pavian	Orang-Utan	Gorilla	Schimpanse	Mensch
Prozent Ausfällung	29	42	64	85	100

Lösungsvorschlag

In der Aufgabe thematisierte Unterrichtsinhalte sind:
Evolution: Vergleich und Beurteilung der Ergebnisse unterschiedlicher Analysemethoden, Homologisierungsverfahren, Präzipitintest, phylogenetische Stellung und transspezifische Evolution von Primaten

1 *Analysieren Sie Material A in Hinblick auf die Merkmale, in denen sich Mensch und Menschenaffe unterscheiden. Beziehen Sie die Unterschiede jeweils auf funktionale Aspekte und geben Sie zusammenfassend eine kurze Begründung für die Entwicklung der abweichenden Merkmale beim menschlichen Skelett an.*

Deutliche Unterschiede im Skelettbau von Mensch und Schimpanse zeigen sich vor allem in den Gliedmaßen sowie im Becken- und Schultergürtel, also im eigentlichen Bewegungsapparat. Dazu ist aber auch der Brustkorb und der Schädel unterschiedlich gestaltet. Der Vergleich beginnt mit den Gliedmaßen:
Die auffallenden Proportionsunterschiede – Schimpanse kurze Beine/lange Arme, Mensch lange Beine/kurze Arme – weisen auf die vorherrschende Fortbewegungsart beider Organismen. Der Schimpanse ist Schwinghangler bzw. bewegt sich auf dem Boden im Knöchelgang, während der Mensch sich aufrecht auf zwei Beinen fortbewegt. Auch die Fußform steht damit in Zusammenhang: beim Schimpansen ein flaches Fußbett mit abgespreizter, zum Greifen/Klettern geeigneter großer Zehe, beim Menschen ein tragendes Fußgewölbe mit anliegender großer Zehe.
Entsprechend der aufrechten Haltung hat das Becken beim Menschen tragende Funktion, beim Schimpansen ist es fast senkrecht gestellt. Die kürzeren Arme und die vergleichsweise kleineren Hände des Menschen hängen ebenfalls mit der Fortbewegung zusammen: sie werden beim aufrechten Gang nicht benötigt und sind damit als Werkzeuge frei für alle möglichen Tätigkeiten. Entsprechend ist auch der Schultergürtel deutlich schwächer ausgebildet als beim Schimpansen. Bei letzterem weisen die großen Schulterblätter auf die schwinghangelnde Fortbewegungsmöglichkeit.
Mit der unterschiedlichen Fortbewegung beider Organismen hängt auch die Form der jeweiligen Wirbelsäule zusammen. Beim Menschen ist sie doppelt S-förmig ausgebildet, mit Vorwölbungen im Nacken- und Lendenbereich, während sie beim Schimpansen nur einen leicht zum Rücken hin gekrümmten Bogen bildet. Die komplizierte Form der menschlichen Wirbelsäule ist eine Voraussetzung für den aufrechten Gang.
Der Brustkorb des Menschen ist nach unten hin abgerundet, während er beim Schimpansen die Form eines umgekehrten Trichters besitzt. Am Schädel fallen beim Schimpansen die flache Stirn, der Überaugenwulst und die starke Schnauzenpartie auf. Typisch menschlich ist dagegen die hohe Wölbung des Gehirnschädels, die mit dem vergrößerten Hirnvolumen in Zusammenhang steht. Der Überaugenwulst fehlt, ebenso hat der Gesichtsschädel einen kleineren Anteil am Gesamtschädel als beim Schimpansen.

Insgesamt fallen also Skelettmerkmale auf, die mit den charakteristischen menschlichen Leistungen der Fortbewegung und des Verstandes im Zusammenhang stehen.

2 *In Aufgabe 1 haben Sie die entscheidenden Merkmale des Menschen- denen des Affenskeletts gegenübergestellt. Vergleichen Sie die Ausprägung dieser Merkmale bei „X" einzeln mit denjenigen bei Mensch bzw. Schimpanse. Ordnen Sie das Skelett dann anhand dieser Merkmale einer fossilen Hominiden-Gattung zu.*

Nach der Abbildung hat sich X im aufrechten Gang auf zwei Beinen fortbewegt. Entsprechend finden sich Unterschiede zum Schimpansen im Skelettbau, die eine Annäherung an den *Homo sapiens* zeigen. So sind die Proportionen der Gliedmaßen eher menschlich, zumindest sind die Arme im Verhältnis zu den Beinen deutlich kürzer als beim Schimpansen. Auch die Wirbelsäule ermöglicht mit ihrem geradlinigen Verlauf eher eine aufrechte Haltung als die des Schimpansen. Andererseits ist das Fußskelett noch flach, ohne die menschliche Fußwölbung, und die Hände sind deutlich zum Greifen ausgebildet. Allerdings sieht der Fuß von X nicht wie ein echter „Greiffuß" wie beim Schimpansen aus, auch hier zeigt sich eine Mittelstellung. Das gilt auch für die Hände.
Das Becken ist in seiner Form dem menschlichen Becken ähnlicher: Es ist nicht so steil gestellt wie beim Schimpansen und hat eher eine tragende Funktion. Der Brustkorb in seiner kurzen, trichterförmigen Ausbildung scheint wiederum dem des Menschen näher zu sein als dem des Schimpansen.
Der Schultergürtel ist kräftiger ausgebildet als beim Menschen, aber wiederum nicht so mächtig wie beim Schimpansen. Insgesamt gesehen deutet der Bewegungsapparat von X auf eine vorwiegende Fortbewegung im aufrechten Gang hin. Vermutlich war X aber auch mit seinem starken Arm- und Schulterskelett wie auch mit den großen Händen ein guter Kletterer. Schwinghangelnde Fortbewegung oder Knöchelgang sind vom Skelettbau her wahrscheinlich auszuschließen.
Der Schädel gleicht weitgehend dem des Schimpansen: flache Stirn, Überaugenwülste, kräftiger Gesichtsschädel mit starkem Gebiss. Damit lässt sich auf ein relativ kleines Gehirn ähnlich wie beim Menschenaffen schließen. Der Scheitelkamm scheint etwas schwächer ausgebildet zu sein, was wiederum der menschlichen Form näher steht.
Die verwandtschaftliche Stellung von X: er ist deutlich näher mit dem Menschen verwandt als der Schimpanse. Eine ganze Reihe von Eigenschaften zeigt, dass er in den Bereich des Übergangsfeldes zwischen Menschenaffen und *Homo sapiens* einzuordnen ist: vor allem die mit dem aufrechten Gang zusammenhängenden Skelettmerkmale sind fast ganz „menschlich". Andererseits zeigen der Schädel und auch der Brustkorb noch deutliche Eigenschaften des Menschenaffen. Der Schädelbau schließt eine Zugehörigkeit von X zu der Gattung *Homo* aus, es kann sich also nicht um einen *H. erectus* handeln. Der aufrechte Gang legt eine Zugehörigkeit zu den Australopithecinen nahe.
X ist offensichtlich ein Beispiel von Mosaikevolution, da ursprüngliche (äffische) und fortgeschrittene (hominide) Eigenschaften nebeneinander in einem Organis-

mus auftreten. Es zeigt sich auch, dass wahrscheinlich der aufrechte Gang vor entscheidenden Änderungen des Schädelbaus und der Gehirnentwicklung erworben wurde.

Es handelt sich bei X um das rekonstruierte Skelett von Australopithecus afarensis („Lucy"). X gehört also zu den Hominiden; er wird von vielen Wissenschaftlern zur direkten Vorfahrenlinie des Homo sapiens gerechnet. Dieser Australopithecine lebte vor 3–4 Mio. Jahren.

3 *Beschreiben Sie die prinzipielle Vorgehensweise beim Präziptintest, Sie können sich dabei auch schon auf das vorliegende Beispiel beziehen. Werten Sie die Tabelle nur kurz aus, verwenden Sie aber die darin genannten Werte, um das Ergebnis des hypothetischen Tests mit „X" zu ermitteln. Es geht hierbei nicht um die Angabe eines konkreten Wertes, sondern um die Abschätzung, in welchem Bereich sich der Prozentsatz befinden muss. Grundlage der Abschätzung ist die Verwandtschafts-Einordnung aus der Aufgabenteil 2.*

Mit dem Präzipitintest erforscht man die Verwandtschaft von Organismen mithilfe der Ähnlichkeit von Serumeiweißen. Die Ähnlichkeit dieser Proteine wird durch eine Antikörper-Reaktion nachgewiesen. Einem Kaninchen oder Huhn als Testtier wird menschliches Blutserum injiziert. Das Tier reagiert darauf mit der Bildung spezifischer Antikörper gegen die Fremdeiweiße, es ist gegen menschliche Serumproteine sensibilisiert. Das Serum des Testtieres mit den Antikörpern wird daraufhin mit den Seren der zu prüfenden Tiere gemischt. Der Grad der Ausfällung von menschlichen Serumproteinen durch die Antikörper wird als 100 % gesetzt, die Ausfällung mit dem Serum anderer Tiere entspricht dann dem Anteil an menschlichen Proteinen in ihrem Blut. Da Proteine die direkten Genprodukte darstellen, lässt sich durch diesen Vergleich auf den Grad der genetischen Verwandtschaft schließen.
Die Werte in der Tabelle zeigen die größte Übereinstimmung in den Serumproteinen zwischen Mensch und Schimpanse (85 %), damit ist unter den getesteten Tieren der Schimpanse am nächsten mit dem Menschen verwandt, der Pavian mit 25% am weitesten entfernt. Da X nach dem Skelettvergleich eindeutig menschenähnlicher ist als der Schimpanse, wäre *(wenn ein Präzipitintest mit fossilem Material möglich wäre)* ein Wert von $85\,\% < X < 100\,\%$ zu erwarten.

Abitur-Prüfung Biologie (NRW) – Grundkurs
Übungsaufgabe 4: Ökologie

Energiefluss und Energienutzung in Ökosystemen

1 Vervollständigen Sie das Schema des Energieflusses in Material A, indem Sie die wichtigsten Wege des Energieflusses zwischen den Komponenten anhand von Pfeilen einzeichnen. Erläutern Sie anschließend das vervollständigte Schema.

2 Benennen und erläutern Sie den wesentlichen Aspekt in Bezug auf den Energiefluss, der in der schematischen Darstellung in Material A fehlt!

3 Analysieren und erklären Sie den in Material B wiedergegebenen Sachverhalt!

Material A: Vereinfachter Energiefluss zwischen Trophieebenen

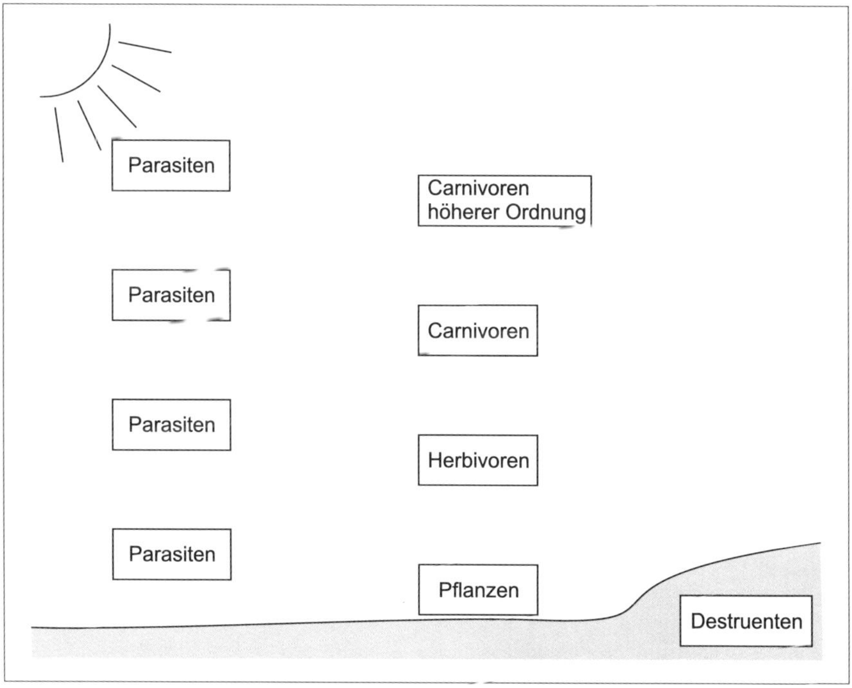

verändert nach: Nentwig, Wolfgang; Bacher, Sven; Beierkuhnlein, Carl; Brandl, Roland; Grabherr, Georg; u.a.: Ökologie, 2004 © Spektrum Akademischer Verlag, Heidelberg

Material B: Verbleib des von einer Raupe vertilgten Pflanzenmaterials

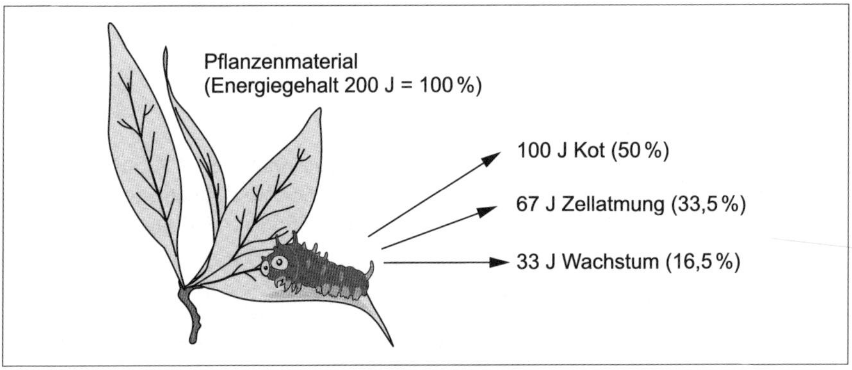

verändert nach: Campbell, Neil A.; Reece, Jane B.: Biologie, 6. Auflage 2003 © Spektrum Akademischer Verlag, Heidelberg

Lösungsvorschlag

In der Aufgabe thematisierte Unterrichtsinhalte sind:
Ökologie: Trophiestufen (Trophieebenen), Energiefluss, Nahrungskette, Energieumwandlung, Wärmeenergie, Energieentwertung

1 *Damit eine zügige Bearbeitung der Teilaufgabe erfolgen kann, ist es zunächst wichtig, sich die Fachbegriffe klar zu machen, die unbedingt in der Lösung berücksichtigt werden müssen. Dies sind der „Energiefluss" und die damit zusammenhängenden „Trophieebenen". Hinzu kommt die „Nahrungskette", die mit den beiden zuvor genannten eng verbunden ist.*
Da hier ein „vereinfachter Energiefluss zwischen Trophieebenen" betrachtet werden soll, lässt die grafische Vorgabe einen Sachverhalt unberücksichtigt: Auch die Parasiten sind eigentlich ihrerseits wieder Beutetiere für andere Konsumenten und liefern Energie an die Destruenten. Hierauf brauchen Sie aber in diesem Aufgabenzusammenhang nicht einzugehen.

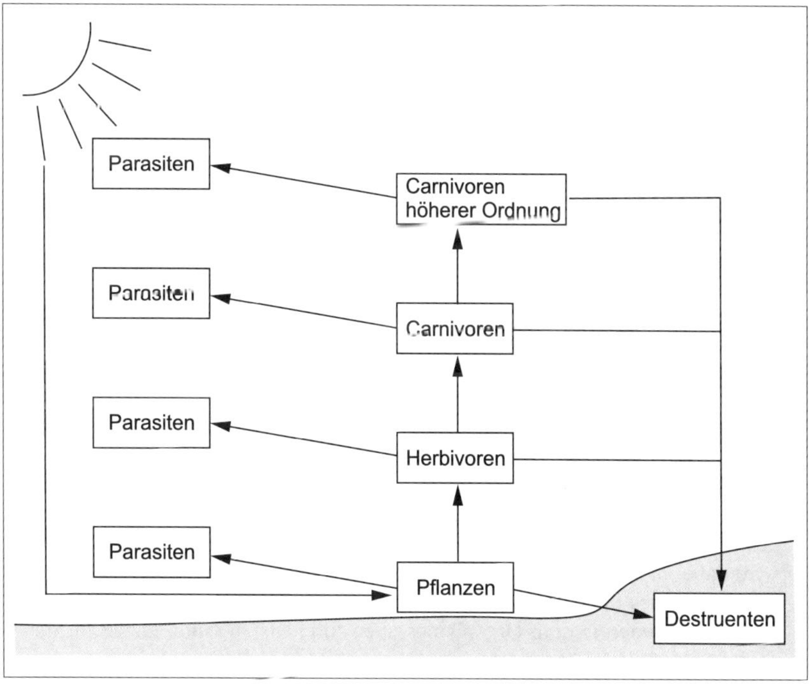

Die gesamte Energie, die in dieser schematischen Darstellung zwischen den Komponenten fließt, stammt letztendlich aus der Strahlungsenergie der Sonne. Diese wird von den grünen Pflanzen, den Produzenten, aufgenommen (1. Trophieebene) und in Form von organischen, energiereichen Molekülen (meist Kohlenhydraten) gespeichert. Die Mitglieder der 1. Trophieebene dienen den Mitgliedern der

2. Trophieebene, den Herbivoren (Pflanzenfresser), als Nahrungsgrundlage, die daraus ihren Stoff- und Energiebedarf decken. Die Herbivoren ihrerseits bilden die Nahrung für Carnivoren, die Fleischfresser der 3. Trophieebene. Diese wiederum werden auf einer 4. Trophieebene von Carnivoren höherer Ordnung erbeutet. Somit „fließt" die Energie innerhalb dieser dargestellten Nahrungskette von einer Trophieebene zur nächsthöheren. Alle Mitglieder der verschiedenen Trophieebenen können von Parasiten befallen sein, die damit ihrerseits am Energiefluss partizipieren. Destruenten zersetzen die Pflanzenreste und Tierleichen und gewinnen daraus Energie für ihre Lebensprozesse. Sie mineralisieren somit organisches Material, sodass es anschließend wieder von den pflanzlichen Produzenten aufgenommen werden kann.

2 *Auch hier gibt es einige Fachtermini, die in jedem Fall bei der Bearbeitung der Teilaufgabe von Ihnen erwähnt und erläutert werden müssen. Zunächst ist da der Begriff der „Wärmeenergie" zu nennen. Hierzu gehört zum einen der Energieverlust in lebenden Organismen in Form von freiwerdender Wärmeenergie bei allen Stoffwechselvorgängen („biologische Oxidation"). Zum anderen müssen Sie auf die Verhältnisse innerhalb einer Nahrungskette eingehen: Da die Energie mehrere Glieder einer Nahrungskette durchfließt, wird sie dabei ebenfalls ver- und entwertet.*

Wenn der Energiefluss innerhalb einer Nahrungskette von einer Trophieebene zur nächsthöheren betrachtet wird, muss auch der dabei unweigerlich stattfindende „Wärmeverlust" mit berücksichtigt werden. Dieser „Energieverlust" in Form von Wärmeenergie tritt bei biologischen Organismen immer dann auf, wenn Nahrung in Form organischer Moleküle zum Zwecke der Energiegewinnung „verstoffwechselt" wird. Bei pflanzlichen Organismen kommt ein weiterer Verlust in Form von Wärmeenergie im Laufe der Assimilation (Fotosynthese bzw. Chemosynthese bei entsprechenden Bakterien) hinzu. Ein Energieverlust in Form von Wärme ist für alle Lebewesen charakteristisch. Er findet auf jeder Trophieebene einer Nahrungskette statt. Beginnend bei den pflanzlichen Organismen, den Produzenten, gilt dies ebenso für alle Konsumenten bis hin zu den Endkonsumenten und den Destruenten. Der hierbei vor allem zu nennende Prozess ist die biologische Oxidation, die innere Atmung, in deren Folge ATP (Adenosintriphosphat) als Energieträger gebildet wird. Hierbei findet eine Energieentwertung statt. Ein großer Teil der in den zu verstoffwechselnden Nahrungsbestandteilen gespeicherten Energie wird dabei in Form von Wärmeenergie frei und kann so nicht direkt für den Energiehaushalt des Lebewesens nutzbar gemacht werden. Indirekt kommt die freiwerdende Wärmenergie dem Organismus aber durchaus zu Gute, da sie für die Aufrechterhaltung der Körpertemperatur genutzt wird.

3 *Bei dieser Teilaufgabe müssen die Ver- bzw. Entwertung der mit der Nahrung aufgenommenen Energie innerhalb des Organismus der Raupe zu einander in Beziehung gesetzt werden. Zu bedenken ist, dass nur ein Teil der Energie dem Ökosystem definitiv als Wärmeenergie verloren geht (Zellatmung). Die im Kot der Raupe enthaltene Energiemenge kann dagegen noch von Destruenten genutzt werden.*

Auch die im vorgegebenen Beispiel betrachtete Raupe ist auf eine ständige Zufuhr von Energie in Form von Nahrung angewiesen. Der Energiegehalt dieser Nahrung stammt aus den Blättern der pflanzlichen Produzenten, welche die Raupe als Nahrung aufgenommen hat. Für ihr eigenes Wachstum verwendet das Tier dabei lediglich 16,5 % der aufgenommenen Energie. Dies bedeutet, dass 83,5 % der gesamten aufgenommenen Energiemenge nicht für den Aufbau von Körpersubstanz genutzt werden kann. So wird bei der von der Raupe betriebenen Zellatmung – im Rahmen der Dissimilation von Nahrungsstoffen – ständig Energie entwertet. Sie geht als Wärmeenergie für eine Speicherung in Form von ATP (für das Tier verwertbare Energie) verloren. Diese 33,5 % der ursprünglich aufgenommenen Nahrungsenergie können nicht mehr in eine für die Raupe nutzbare Energieform umgewandelt werden. Gleiches gilt für die Energieverluste durch Kotabgabe. Mit ihm geht dem Organismus die Hälfte der mit der Nahrung aufgenommenen Energiemenge verloren.
Der Verlust der Energie für den Organismus durch die Kotabgabe stellt aber – insgesamt gesehen – keinen vollständigen Energieverlust für das Ökosystem dar. Destruenten können den Kot der Raupe verwerten und damit die darin noch enthaltene Energiemenge für sich nutzbar machen. Allerdings spielen auch hier wie zuvor bereits bei der Raupe Energieverluste in Form von Wärmeenergie ebenso eine Rolle, wodurch die Destruenten die gesamte im Kot enthaltene Energiemenge ebenfalls nicht für sich nutzen können.

Abitur-Prüfung Biologie (NRW) – Grundkurs
Übungsaufgabe 5: Evolution

Evolution der Kleidervögel

1 Stellen Sie die Entstehung der Kleidervogel-Arten auf den Hawaii-Inseln gemäß dem evolutionstheoretischen Konzept dar.

2 Analysieren Sie den Nahrungserwerb der vier in Material B dargestellten Arten und begründen Sie die Unterschiede.

3 Entscheiden Sie begründend, ob es sich bei dem langen Schnabel der Nektar saugenden Arten *Hemignathus procerus* und *Drepanis pacifica* um homologe oder analoge Formen handelt.

Material A: Kleidervögel

Die Kleidervögel kommen nur auf den sechs größten Inseln des Hawaii-Archipels vor. Die Inseln sind vulkanischen Ursprungs und liegen mitten im Pazifischen Ozean, etwa 3 500 km vom amerikanischen Festland entfernt. Die Kleidervögel bestehen aus 22 Arten, die in zwei Unterfamilien aufgeteilt werden (Grünkleidervögel und Schwarzrotkleidervögel). Die von ihnen besiedelten Inseln sind waldreich und bieten eine große Vielfalt an Lebensräumen.
Die Gründerpopulation, von der die Kleidervögel abstammen, war wahrscheinlich eine kleine Gruppe von Finken, die vom amerikanischen Festland auf die Inseln gelangt ist. Diese Finken besaßen einen kurzen Schnabel und ernährten sich von Insekten und Samen.

Material B: Nahrungserwerb

Loxops stejnegeri

Psittirostra kona

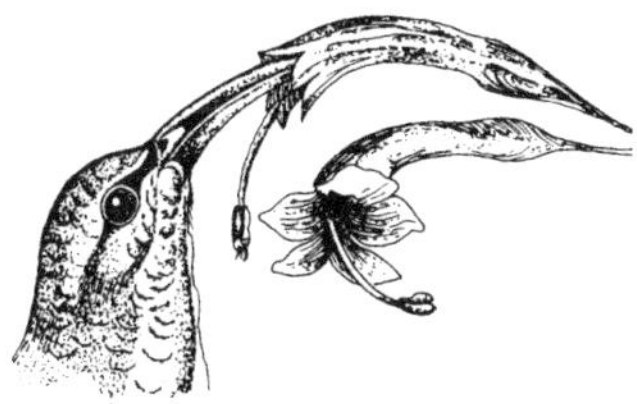

Hemignathus procerus an einer Lobelienblüte (Diese Lobelienart kommt nur auf Hawaii vor. Sie besitzt nektarreiche rote Blüten.)

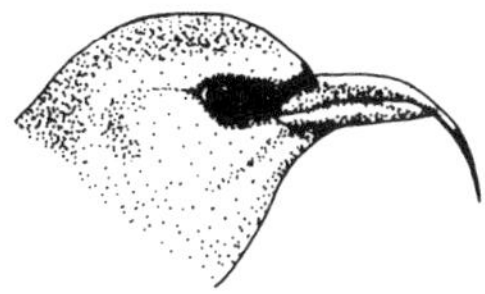

Hemignathus wilsoni meißelt mit seinem kurzen Unterschnabel Baumrinde auf wie ein Specht. Er spreizt dabei den gebogenen Oberschnabel ab. Sobald er ein Insekt freigelegt hat, holt er es mit dem Oberschnabel heraus.

Bild 1 bis 3 aus: aus: Heß, Die Blüte © 1990 Verlag Eugen Ulmer, Stuttgart;
Bild 4 aus: Grant, P. R.: Ecology and Evolution of Darwin's Fiches, Princeton University Press, Princeton, New Jersey, 1986 (nach H. Douglas Pratt in Raikow, Robert J.: The Origin and Evolution of the Hawaiian Honeycreepers (Drepanididae) – The living bird 15, 1976)

Material C: Vereinfachter Stammbaum

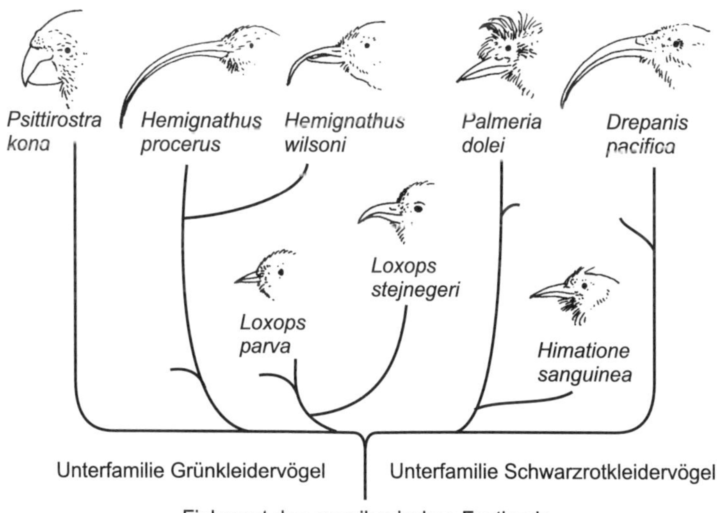

aus: Stebbins, G. Ledyard, Processes of Organic Evolution, Prentice-Hall Inc, Englewood Cliffs, New Jersey, 3rd Edition 1977, Abb. 89, S. 182

© Bock, Walter J., Professor of Evolutionary Biology, Columbia University New York

Lösungsvorschlag

In der Aufgabe thematisierte Unterrichtsinhalte sind:
Evolution: Grundlagen evolutiver Veränderungen, genotypische Variabilität von Populationen, Artbegriff und Artbildung, Isolationsmechanismen, adaptive Radiation; Einnischung und Konkurrenzvermeidung, Koevolution; Verwandtschaftsbestimmung auf der Basis von Homologie/Analogie

1 *Es geht hier darum, die Entstehung vieler ähnlicher Arten aus einer gemeinsamen Stammart bei der Besiedlung eines neuen Lebensraums mithilfe der Evolutionsfaktoren zu erläutern. Diesen Vorgang kennen Sie bereits aus dem Unterricht, höchst wahrscheinlich vom Beispiel der Galapagos-Finken!*

Der Hawaii-Archipel liegt weit vom Festland entfernt im Pazifik. Gemäß dem Konzept der allopatrischen Artbildung muss sich die ursprünglich eingewanderte Finkenpopulation mehrfach in getrennte Populationen aufgespalten haben, z. B. auf verschiedene Inseln separiert worden sein.
Dadurch wurden die Genpools dieser Populationen getrennt und es fand kein Genaustausch mehr statt. Unterschiedliches Auftreten der Zufallsereignisse Mutation und Rekombination sowie die unterschiedlichen Selektionsbedingungen in den einzelnen Populationen führten zur reproduktiven Isolation. Bei solchen Isolationsmechanismen kann es sich z. B. um unterschiedliche Einnischung handeln (zeitliche Isolation), um unterschiedliches Balzverhalten (ethologische Isolation), oder auch um Unverträglichkeit der Gameten (gametische Isolation).
Bei diesen Beispielen handelt es sich um präzygote Isolationsmechanismen, sie verhindern die Paarung bzw. Befruchtung von Individuen und lassen es gar nicht zur Zygotenbildung kommen. Daneben gibt es auch postzygotische Isolationsmechanismen, die nach erfolgter Befruchtung die Weiterentwicklung des Keimlings verhindern oder zu unfruchtbaren Nachkommen führen.
Bei erneutem Zusammentreffen der separierten Populationen findet dann keine fruchtbare Kreuzung zwischen Mitgliedern beider Populationen statt. Damit sind echte biologische Arten entstanden. Insgesamt fand auf den Inseln eine adaptive Radiation statt: Von einer Ursprungsart ausgehend sind 22 Arten entstanden. Die in Material A angegebene Vielfalt an Lebensräumen sowie die verschiedenen Schna-belformen in Material B sprechen für eine vorrangige ökologische Einnischung der Arten.

2 *Wie bei den Galapagos-Finken, so haben sich auch hier die Unterschiede zwischen den Arten aufgrund der in Aufgabenteil 1 bereits angesprochenen ökologischen Einnischung ergeben. Überlegen Sie, welche weiteren Fachbegriffe für Evolutionsprozesse und Lebensformen bei einem der Beispiele noch zutreffen.*

Die vier dargestellten Arten unterscheiden sich stark in der Art der aufgenommenen Nahrung wie auch im Bau ihres Schnabels, der der jeweiligen Nahrungsaufnahme angepasst ist: *Loxops* sucht mit seinem schmalen Schnabel Insekten von Baumstämmen ab, *Psittirostra kona* kann dagegen mit seinem Kernbeißerschna-

bel harte Früchte und Samen aufnehmen. Der lange gebogene Schnabel von *Hemignathus procerus* befähigt ihn, Nektar aus röhrenförmigen Blüten zu saugen, während die nahe verwandte Art *H. wilsoni* Insekten unter der Baumrinde freizulegen vermag.
Damit besteht zwischen den Arten Konkurrenzvermeidung, jede Art hat eine eigene Nahrungsnische erschlossen. Bei *H. procerus* liegt evtl. Koevolution mit den Lobelien vor. Die Form der Blüten und des Schnabels stimmen auffällig überein, zudem handelt es sich bei der Beziehung zwischen Blüte und Vogel um eine Symbiose, von der beide Partner profitieren. Eine koevolutive Anpassung beider Organismen aneinander liegt daher nahe.
H. wilsoni kann mit der Doppelfunktion seines Schnabels die „Spechtnische" besetzen.

3 *Um diese Aufgabenstellung richtig zu beantworten, müssen Sie zwischen dem Organ und seiner speziellen Form differenzieren. Zur Entscheidung benötigen Sie neben dem Stammbaum in Material C auch eine Information über den gemeinsamen Vorfahren aus Material A.*

Drepanis pacifica und *Hemignathus procerus* besitzen beide lange, nach unten gebogene Schnäbel, mit denen sie den Nektar aus Blüten holen konnen. Diese Form könnte nach dem Homologiekriterium der speziellen Qualität als Hinweis auf ihre Homologie gedeutet werden. Wenn aber beide Schnabelformen homolog wären, dann müssten sie einen gemeinsamen Vorfahren mit ebensolcher Schnabelform haben. Nach dem Stammbaum-Diagramm in Material C gehören die beiden Arten zu verschiedenen Unterfamilien, die sich beide von der kurzschnabeligen Finkenart herleiten (Material A). Während der Schnabel selbst als homologes Organ zu interpretieren ist, stellt die lange, gebogene Form daher eine konvergente Anpassung (Analogie) an die Spezialisierung auf Nektar dar.

Molekulargenetische Ursachen der Mukoviszidose

1 Geben Sie an, welcher Erbgang dem in Material B dargestellten Stammbaum zugrunde liegt und begründen Sie Ihre Entscheidung. Bestimmen Sie für alle dort angegebenen Personen den Genotyp.

2 Ermitteln Sie aus dem in Material C angegebenen DNA-Abschnitt mithilfe von Material D die entsprechende Aminosäuresequenz. Stellen Sie an diesem Beispiel die Grundlagen der Proteinbiosynthese dar.

3 Leiten Sie aus dem vorliegenden Material den Mutationstyp ab, welcher der Mukoviszidose zugrunde liegt. Stellen Sie eine begründete Hypothese darüber auf, wie diese Mutation zur Ausprägung der in Material A beschriebenen phänotypischen Merkmale führt.

Material A: Genetische Ursachen und Symptome der Mukoviszidose

Mukoviszidose (Zystische Fibrose) ist eine nicht heilbare Erbkrankheit, die bei den Betroffenen zu schweren Störungen bei Atmung und Verdauung führt. Die Sekrete vor allem in Lunge und Bauchspeicheldrüse sind zäher als bei gesunden Personen. Dadurch verstopfen z. B. die feinen Äste der Bronchien, sodass die Lunge nicht mehr richtig arbeiten kann.
Die langsame, aber stetige Verschlechterung der Stoffwechselfunktionen ist nicht aufzuhalten oder gar heilbar, kann aber durch frühzeitige und intensive Behandlungsmaßnahmen (schleimlösende Medikamente, Inhalationstherapie und spezielle Diäten) entscheidend verzögert werden.

Die häufigste Ursache für die Mukoviszidose ist ein genetischer Defekt im auf dem Chromosom 7 gelegenen Gen CFTR (engl. *cystic fibriosis transmembrane conductance regulator*). Dieses Gen codiert für ein Protein, das in die Zellmembran von Schleimhautzellen eingebaut wird und dort als Chlorid-Ionenkanal wirkt.

Das veränderte Protein, das Mukoviszidose-Kranke ausbilden, ist nicht in der Lage, den notwendigen Chloridionen-Transport aus den Schleimhautzellen durchzuführen. Dadurch unterbleibt auch der normalerweise erfolgende Wasserausstrom aus den Schleimhautzellen. In der Lunge, den Nasennebenhöhlen, der Bauchspeicheldrüse, im Darm, in den Gallenwegen, in den Keimdrüsen des Mannes und in den Schweißdrüsen bilden sich dadurch zähe Schleimsekrete mit hohem Kochsalzgehalt.

Material B: Stammbaum einer Familie mit Mukoviszidose

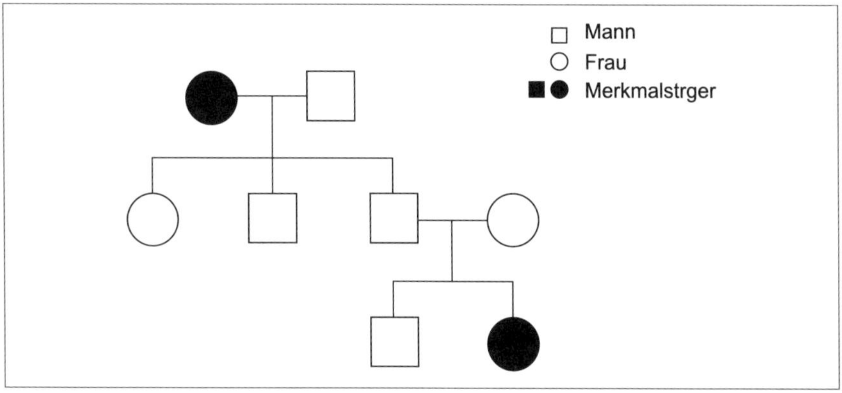

Material C: Ausschnitt aus dem codogenen DNA-Strang in Exon 10 (beginnend bei Aminosäure-Position 503) des CFTR-Gens bei einer gesunden und einer an Mukoviszidose erkrankten Person

gesunde Person	3' ... TTT CTT TTA TAG TAG AAA CCA CAA AGG ATA ... 5'
erkrankte Person	3' ... TTT CTT TTA TAG TAG CCA CAA AGG ATA ... 5'

Material D: Codesonne

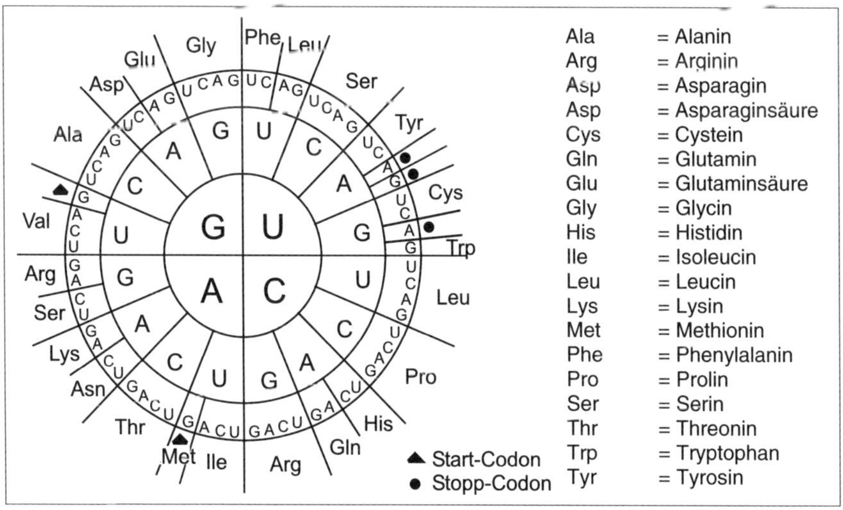

Lösungsvorschlag

In der Aufgabe thematisierte Unterrichtsinhalte sind:
- *Genetik: Stammbaumanalyse, Vererbungsmodi, Mutationstypen, Genetischer Code, Proteinbiosynthese, DNA- und RNA-Aufbau, mRNA, tRNA*
- *Neurobiologie: Aufbau von Ionenkanälen*

1 *Nummerieren Sie zunächst im zu analysierenden Stammbaum die einzelnen Mitglieder – beginnend mit der frühesten Generation – durch, um sich im darstellenden Text leichter auf einzelne Individuen beziehen zu können:*

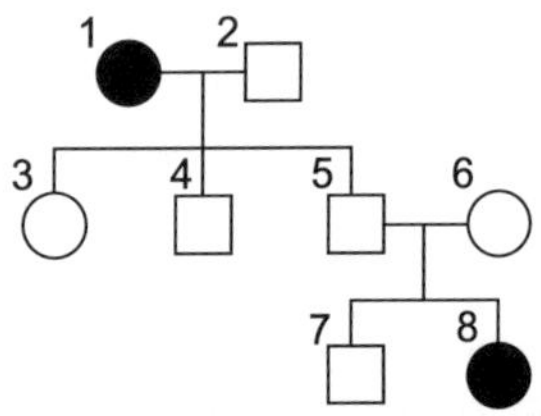

Bei der Analyse des Stammbaums helfen Ihnen einige einfache Überlegungen:
- *Dominant vererbte Merkmale treten normalerweise in jeder Generation auf, wohingegen rezessive Merkmale eine oder mehrere Generationen überspringen können.*
- *Sind in einem Stammbaum gleich viele männliche wie weibliche Merkmalsträger, handelt es sich wahrscheinlich um ein autosomal vererbtes Merkmal. Überwiegen dagegen Männer als Merkmalsträger, so wird das Merkmal höchstwahrscheinlich gonosomal vererbt. (Das Y-Chromosom können Sie im Normalfall vernachlässigen, da es so gut wie genleer ist.)*
- *Bei einem autosomal-rezessiven Merkmal zeigen die Überträgerinnen und Überträger das Merkmal phänotypisch nicht. Ebenso verhält es sich mit Überträgerinnen bei X-chromosomaler Vererbung eines Merkmals.*

Die Krankheit Mukoviszidose wird autosomal-rezessiv vererbt. Dies ist damit zu begründen, dass die Eltern 5 und 6 ein Mädchen haben, das Merkmalsträgerin ist. Da die Eltern beide phänotypisch gesund sind, muss die Krankheit rezessiv vererbt werden und beide Überträger der Krankheit sein. Individuum 8 ist damit homozygot in Bezug auf das betrachtete Merkmal, da ihm als Merkmalsträgerin von beiden Elternteilen ein defektes, rezessives Allel vererbt worden ist.
Eine X-chromosomale Vererbung kann ausgeschlossen werden, da in diesem Fall Individuum 5 ebenfalls an Mukoviszidose erkrankt sein müsste. Läge das Gen auf dem X-Chromosom, wäre er als Mann nämlich hemizygot bezüglich des Merkmals und müsste damit phänotypisch erkrankt sein.
Für das Gen, welches das CFTR-Protein codiert, kann der Buchstabe „A" gewählt werden, womit A für das dominante Allel steht, das für ein funktionierendes CFTR-Protein codiert und a für das entsprechende rezessive, defekte Gegenstück.

Für die einzelnen Mitglieder des Stammbaums ergibt sich damit die folgende Zuordnung der Allele:

- Individuum 1, die Großmutter, ist Merkmalsträgerin. Sie besitzt damit die homozygote Allelkombination aa.
- Der Großvater, Individuum Nr. 2, kann sowohl den Genotyp AA (homozygot) als auch die Allelkombination Aa (heterozygot) aufweisen. Wegen der Rezessivität des Merkmals sind beide Kombinationen möglich. *(Statistisch wahrscheinlicher ist aber die Allelkombination AA, da keines seiner drei Kinder an Mukoviszidose erkrankt ist.)*
- Der Genotyp ihrer Kinder, der Individuen 3 bis 5, ist eindeutig Aa. Sie müssen heterozygot in Bezug auf das betrachtete Merkmal und damit Überträger sein, da sie phänotypisch gesund sind, aber von ihrer erkrankten Mutter nur ein defektes Allel geerbt haben können.
- Die angeheiratete Frau, Individuum 6, muss ebenfalls eine Überträgerin (Aa, heterozygot) sein, da ihre Tochter (Individuum 8) Merkmalsträgerin (aa homozygot) ist.
- Der Genotyp des Sohnes, Individuum 7, ist nicht eindeutig zu bestimmen. Er ist phänotypisch gesund und muss deshalb mindestens einmal das Allel A besitzen, das er vom Vater (5) oder von der Mutter (6) bekommen haben kann. Da beide Elternteile aber Überträger der Krankheit sind und beide Allelausprägungen (Aa) besitzen, kann der Sohn sowohl homozygot gesund sein (AA) oder ein heterozygoter Überträger (Aa).

2 *Vor der Umsetzung der vorliegenden Nukleotidsequenz in eine Sequenz von Aminosäuren (AS) müssen Sie zunächst der Material-Überschrift entnehmen, dass hier die DNA-Sequenz des codogenen Stranges vorliegt. Ausgehend vom codogenen Stang müssen Sie nun mithilfe der Komplementaritätsregel den mRNA-Strang erstellen, den Sie dann wiederum mithilfe der Codesonne „übersetzen" können. Als Weiteres wird von Ihnen verlangt, dass Sie die Proteinbiosynthese in ihrem Ablauf anhand des vorgegebenen Beispiels korrekt darstellen. Wichtig ist es hier, dass Sie zum einen auf eine korrekte Fachsprache achten. Zum anderen sollten Sie bei der Beschreibung des Ablaufs systematisch vorgehen.*

Bei der **Proteinbiosynthese** werden Eiweißkörper, die Proteine (Polypeptide), aus einzelnen Aminosäuren aufgebaut. Dies erfolgt in einem zweistufigen Prozess.
Damit die Information, die in der DNA des Zellkerns enthalten ist, umgesetzt werden kann, muss sie in mRNA umgeschrieben werden. Diesen Vorgang nennt man **Transkription**. Beim ersten Schritt der Proteinbiosynthese wird die DNA in dem Teil, der abgelesen werden soll (in diesem Fall ein Ausschnitt aus dem CFTR-Gen), durch spezifische Enzyme entspiralisiert und aufgetrennt. Sobald der aus 30 bzw. 27 Nukleotiden bestehende DNA-Abschnitt freiliegt, setzen sich mRNA-Moleküle nach dem Komplementaritätsprinzip an die freien Basen des codogenen DNA-Stranges an. Die Synthese de mRNA-Stranges durch die RNA-Polymerase an der DNA erfolgt in 5'→3'-Richung. Sind alle 30 bzw. 27 Nukleotide in mRNA transkribiert (überschrieben) worden, wandert die mRNA-Kette aus dem Zellkern

in das Cytoplasma der Zelle und dort zu einem Ribosom. *(Ein Spleißen ist in diesem Fall nicht erforderlich, da die betrachtete Nukleotidsequenz aus dem Exon 10 stammt.)*
Im Cytoplasma findet dann der zweite Teil der Proteinbiosynthese statt, die **Translation**. Damit bezeichnet man den Vorgang der Übersetzung der Nukleotidsequenz der mRNA an den Ribosomen mithilfe der tRNA in die Aminosäuresequenz der Polypeptide (Proteine). Hierbei codiert jeweils eine Nukleotidsequenz aus drei mRNA-Basen eine Aminosäure. Diese Dreiergruppe wird als Codon bezeichnet.
Der Vorgang der Translation beginnt mit der Startphase. In ihr lagert sich das 5'-Ende der mRNA mit dem Startcodon (AUG) an das Ribosom an. Sobald sich ein tRNA-Molekül nach der Komplementaritätsregel mit dem Startcodon verbindet, beginnt der Vorgang der Verlängerung der Aminosäurekette entlang der mRNA. Am Ribosom können sich jeweils tRNA-Molekül setzen, deren Basen-Dreiergruppe (Anticodon) zur komplementären Basen-Dreiergruppe der mRNA (Codon) passt. Ist die Codon-Anticodon-Paarung erfolgt, können die an den oberen Enden der tRNA-Molekülen befestigten Aminosäuren mit einer Peptidbindung enzymatisch miteinander verbunden werden. Die Aminosäurekette wird dabei an das zuletzt angedockte tRNA-Molekül „weitergereicht“. Das davor liegende tRNA-Molekül löst sich vom Ribosom und die hintere tRNA rückt nach vorne. Durch eine ständige Wiederholung dieses Vorgangs verlängert sich die Aminosäurekette entlang der mRNA. Lagert sich ein mRNA-Stoppcodon am Ribosom an, zu dem es keine komplementäre Entsprechung in einem tRNA-Molekül gibt, kommt es zur Beendigung des Translationsvorganges. Die Verbindung aus mRNA und Ribosom löst sich und die synthetisierte Aminosäurekette wird vom letzten tRNA-Molekül abgetrennt.
Im vorgegebenen Beispiel, einem Ausschnitt aus dem CFTR-Gen, müssen die Dreiergruppen des codogenen DNA-Stranges zunächst nach der Komplementaritätsregel in den entsprechenden mRNA-Strang umgewandelt werden. Anhand des mRNA-Stranges kann dann mithilfe der Code-Sonne (die gewissermaßen die tRNA-Moleküle ersetzt) die Aminosäuresequenz für die vorliegenden 10 bzw. 9 Codon-Dreiergruppen (Position 503 – 511/12) ermittelt werden. Da das Ablesen in 5'→3'-Richtung entlang der mRNA geschieht und im Zentrum der Code-Sonne das 5'-Ende angegeben ist, erfolgt das Ablesen von innen nach außen.

intaktes Gen:

codogener Strang	3' TTT	CTT	TTA	TAG	TAG	AAA	CCA	CAA	AGG	ATA	5'
mRNA	5' AAA	GAA	AAU	AUC	AUC	UUU	GGU	GUU	UCC	UAU	3'
Aminosäure-Sequenz	Lys –	Glu –	Asn –	Ile –	Ile –	Phe –	Gly –	Val –	Ser –	Tyr –	
Position der Aminosäure	*503*	*504*	*505*	*506*	*507*	*508*	*509*	*510*	*511*	*512*	

mutiertes Gen:

codogener Strang	3'	TTT	CTT	TTA	TAG	TAG	CCA	CAA	AGG	ATA 5'
mRNA	5'	AAA	GAA	AAU	AUC	AUC	GGU	GUU	UCC	UAU 3'
Aminosäure-Sequenz		Lys –	Glu –	Asn –	Ile –	Ile –	Gly –	Val –	Ser –	Tyr –
Position der Aminosäure		*503*	*504*	*505*	*506*	*507*	*508*	*509*	*510*	*511*

3 *Nach Bearbeitung der Teilaufgabe 2 sollte Ihnen klar sein, um welchen Mutationstyp es sich handelt und welche Auswirkungen dies auf die Aminosäuresequenz des Proteins hat. Fassen Sie dies zunächst kurz zusammen.*
In Material A ist außerdem angegeben, dass das CFTR-Gen für ein Chloridionen-Kanalprotein codiert. Begründen Sie, welchen Einfluss der Verlust einer Aminosäure auf die Funktionsfähigkeit des Proteins haben muss, wenn die Auswirkungen so dramatisch sind, wie in Material A beschrieben.

Bei der hier vorliegenden Mutation handelt es sich um den Verlust eines Basentripletts innerhalb eines Gens. Es handelt sich demnach um eine Genmutation, bei der durch einen **Triplettverlust** (eine Deletion) nur ein relativ kleiner Bereich betroffen ist, der auch nur ein Gen beeinträchtigt. Im Vergleich zum intakten CFTR-Gen hat sich die Anzahl der Nukleotide, die das Gen ausmachen, um drei verringert. Da das komplette Triplett 508 verloren gegangen ist, fehlt dem fertigen, mutierten Protein eine Aminosäure, das Phenylalanin an der Position 508.
Der Verlust dieser einen Aminosäure hat augenscheinlich verheerende Wirkung auf den Organismus, der von dieser Mutation betroffenen ist. Grundlage hierfür ist die Konformationsänderung des betroffenen Eiweißmoleküls. Im funktionsfähigen Zustand weisen Proteine eine spezifische Raumstruktur (Tertiärstruktur) auf, sie können vielfach gefaltet und gedreht vorliegen. Diese Raumstrukturen werden durch kovalente und nicht-kovalente Bildungen zwischen den Aminosäuren erzeugt, die durch eine Faltung der Aminosäurekette zu „Nachbarn“ werden. *(Nicht-kovalente Bindungen sind Wasserstoffbrücken und Ionenbindungen, aber auch hydrophobe Wechselwirkungen. Zu den kovalente Bindungen zählt – neben der Peptidbindung in der Primärstruktur – die Ausbildung von Disulfidbrücken zwischen Cystein-Resten innerhalb von Proteinmolekülen.)* An allen diesen Bindungsmöglichkeiten wirken die Aminosäurereste durch ihr unterschiedliches chemisches Verhalten und den daraus resultierenden Wechselwirkungen mit. Der Verlust einer Aminosäure an einer entscheidenden Stelle kann daher massive Auswirkungen auf die Tertiärstruktur eines Proteins und damit auf seine Funktionstüchtigkeit haben.
Auf den vorliegenden Fall der Mukoviszidose angewendet kann dies Folgendes bedeuten: Das von der Mutation betroffene CFTR-Gen codiert für ein Membranprotein. Es hat die Aufgabe, Chlorid-Ionen durch die Zellmembran zu schleusen. Durch den Verlust der einen Aminosäure hat sich die räumliche Struktur des

CFTR-Proteins aber derart geändert, dass neue Bindungen zwischen den Aminosäuren aufgebaut wurden. Andere wurden dagegen vielleicht nicht mehr ausgebildet. So kann das mutierte Proteinmolekül möglicherweise keinen funktionsfähigen Kanal mehr bilden *(da es z. B. die Chlorid-Ionen nicht mehr durchlassen kann oder sich nicht in die Membran einlagern kann).* Somit manifestiert sich die Mutation vermutlich in einer „Verstopfung" des Chlorid-Kanals.
Sind die Kanäle blockiert, kann der Ionentransport nicht mehr einwandfrei funktionieren und die in Material A beschriebenen Erscheinungen treten auf: Da auch der Wasser-Ausstrom aus den Zellen nicht mehr stattfinden kann, entsteht der für die Muskoviszidose typische zähe Schleim, der die weiteren Krankheitssymptome nach sich zieht.

Abitur-Prüfung Biologie (NRW) – Grundkurs
Übungsaufgabe 7: Genetik

Vererbung des Down-Syndroms

1 Beschreiben und analysieren Sie die schematische Darstellung eines Karyogramms in Material A. Begründen Sie, warum die beiden untersuchten Frauen trotz der Besonderheiten in ihren Karyogrammen keinerlei Krankheitssymptome aufweisen.

2 Ermitteln Sie mithilfe der Polkörperchen in Material B die Chromosomenbestände der Eizellen 1–4. Stellen Sie für eine der vier Eizellen anhand einer beschrifteten Skizze dar, wie es bei der Eizellenentwicklung zu dem vorliegenden Ergebnis kommen konnte.

3 Beurteilen Sie die Wahrscheinlichkeit, dass in der Familie eine weiteres Kind mit Down-Syndrom geboren werden könnte, indem Sie die vier Möglichkeiten befruchteter Eizellen analysieren.

Material A: Familienberatung

In einer Familie hat eines der Kinder das sog. Down-Syndrom. Der jüngste von drei Brüdern ist Träger der Trisomie 21, d. h. das Chromosom 21 liegt bei ihm in dreifacher Kopie vor. Die Eltern und Geschwister des Jungen möchten nun wissen, wie diese Trisomie 21 zustande gekommen ist und wie hoch die Wahrscheinlichkeit ist, dass auch weitere Kinder das Down-Syndrom zeigen werden.
Im Rahmen der genetischen Familienberatung gibt es die Möglichkeit, dies anhand eines Karyogramms zu überprüfen. Da in den meisten Fällen die Mutter für die Entstehung des Down-Syndroms verantwortlich ist, wird zunächst aus weißen Blutkörperchen der Mutter ein Karyogramm erstellt. Das Ergebnis ist in Abbildung 1 dargestellt.

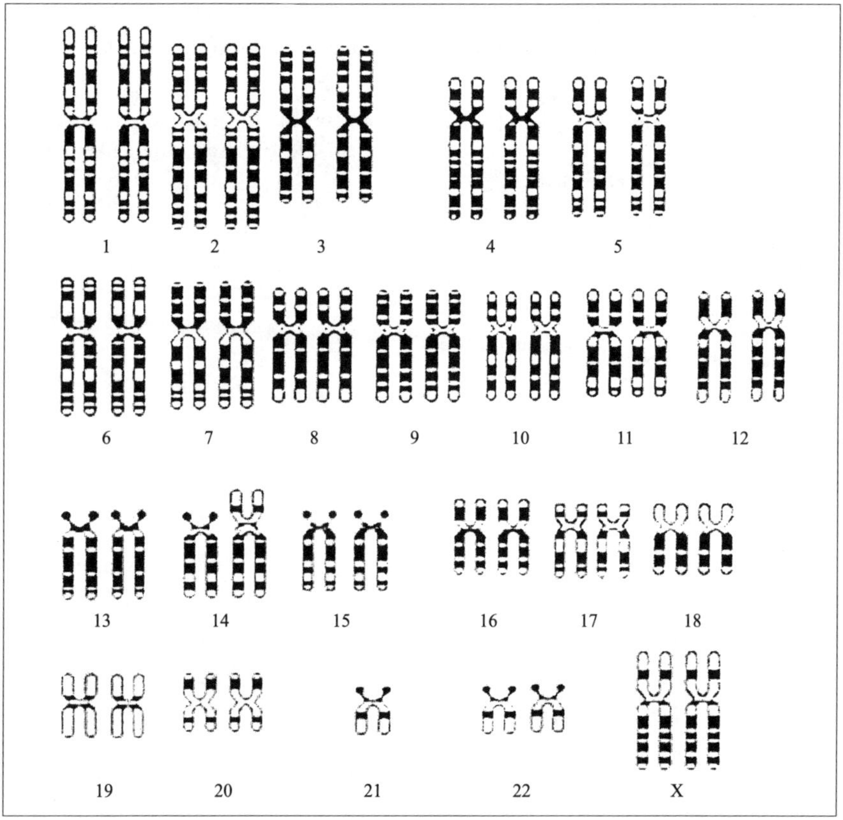

Abb. 1: Karyogramm der Mutter

verändert nach: CD zum Handbuch für den Unterricht Biologie, Oberstufe, Cornelsen Verlag 2003

Material B: Eizellenentwicklung

Der Arzt, der die Familienberatung durchführt, erklärt der Familie, was das Ergebnis des Karyogramms für eine Bedeutung für sie hat. Dazu stellt er anhand einer Skizze (Abb. 2) dar, welche Möglichkeiten es für die Eizellreifung und damit für die Chromosomenausstattung eines weiteren Kindes gibt.
Zuhause angekommen, bemerkt die Familie, dass sie das zweite Blatt der Skizze in der Praxis vergessen haben. Anhand der Polkörperchen müssen sie nun die Chromosomenbestände der vier Eizellen und der befruchteten Zygoten rekonstruieren.

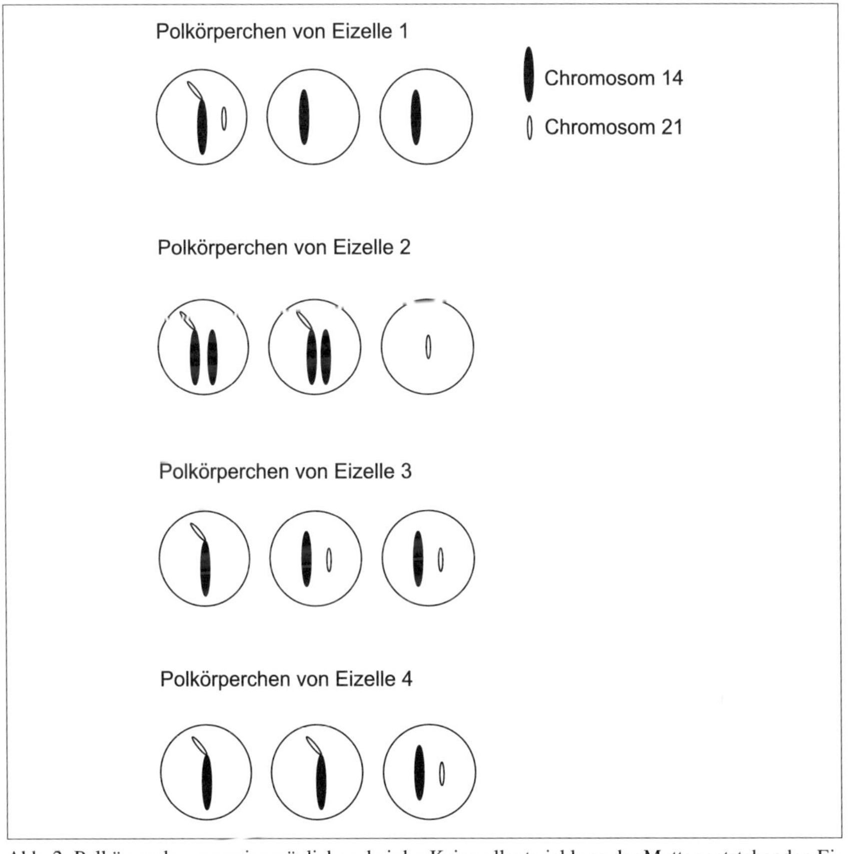

Abb. 2: Polkörperchen von vier möglichen, bei der Keimzellentwicklung der Mutter entstehenden Eizellen (berücksichtigt sind dabei nur die hier relevanten Chromosomen 14 und 21)

Lösungsvorschlag

In der Aufgabe thematisierte Unterrichtsinhalte sind:

- *Genetik: Chromosomenmutation, Karyogramm, Chromosomenbau, Translokation, Down-Syndrom, Eizellenbildung in der Meiose*
- *allgemein: zeichnerische Umsetzung schematisch-biologischer Prozesse in einer Skizze*

1 *Bei der Begutachtung des Chromosomenbildes ist auf Vollständigkeit des diploiden Chromosomensatzes zu achten. Außerdem sollten Sie die einzelnen (homologen) Chromosomen miteinander vergleichen, um die in der Aufgabenstellung angesprochenen Unregelmäßigkeiten feststellen zu können.*

Die schematische Zeichnung der Metaphase-Chromosomen einer weiblichen Person stellt die Chromosomen der in Material A angesprochenen Mutter dar. Die 45 Chromosomen sind (mit zwei Ausnahmen) zu Homologen-Paaren nach Größe und Form in 21 Zweiergruppen angeordnet. Dass es sich um eine Frau handelt, wird aus den beiden vorhandenen homologen X-Chromosomen ersichtlich.
Die cytologischen Besonderheiten sind bei den Chromosomen 14 und 21 sichtbar: Während das Chromosom der Gruppe 21 nur ein einziges Mal im Chromosomensatz vorkommt, ist eines der Chromosomen der Chromosomengruppe 14 deutlich vergrößert. Aus dem letzteren Befund kann daher geschlossen werden, dass beide Chromosomen nicht homolog zueinander sind. Nach dem Augenschein zu urteilen liegt hier der Fall einer Chromosomenmutation in Form einer Translokation vor. Das (scheinbar) fehlende zweite Chromosom der Gruppe 21 hat sich an ein Chromosom der Gruppe 14 angelagert und ist mit diesem verschmolzen.
Das Down-Syndrom, das auf die Trisomie 21 zurückzuführen ist, weist die Mutter nicht auf, da sie keine drei Kopien des Chromosoms 21 besitzt. Da die Frauen, die ein solches Karyogramm aufweist, laut Aufgabentext auch keinerlei andere offensichtlichen Defekte zeigt, kann außerdem gefolgert werden, dass bei der interchromosomalen Umlagerung des Chromosoms 21 keine genetische Information verloren gegangen ist und es sich hier um eine balancierte Translokation handelt.

2 *Bei der Erstellung des Meioseschemas kann es hilfreich sein – ausgehend von den Polkörperchen – zunächst die chromosomale Ausstattung der Eizelle zu rekonstruieren und von dort aus dann die Meiose „rückwärts" aufzubauen.*

Die vier Kombinationen der Polkörperchen lassen in allen drei Fällen auf eine unterschiedliche Verteilung der Chromosomen 21 und 14 im Verlaufe der Meiose schließen. In allen vier Fällen besitzen immer zwei der drei Polkörperchen die gleiche chromosomale Ausstattung. Das dritte ist stets unterschiedlich in Bezug auf die Chromosomen 14 und 21. Das jeweils einzelne Polkörperchen, dessen Chromosomen-Aussattung von den beiden anderen, identisch ausgestatteten Polkörperchen, abweicht, muss die gleichen Chromosomen enthalten wie die Eizelle. Die beiden jeweils identischen Zellen sind durch Zellteilung zusammen aus jeweils derselben Mutterzelle entstanden *(siehe auch Skizze).*

Die unterschiedliche Ausstattung der einzelnen Polkörperchen in Bezug auf die betrachteten Chromosomen 14 und 21 geht auf einen unterschiedlichen Ablauf der Chromosomenreduktion während der Meiose zurück. Neben der Aufgabe der Rekombination des genetischen Materials ist die zweite wesentliche Aufgabe der Meiose, für eine Reduktion der Chromosomenzahl zu sorgen und als Endergebnis haploide Geschlechtszellen zu erzeugen. Die Reduktion der Chromosomenzahl beginnt in der Anaphase der ersten Reifeteilung, nachdem die Chromosomen in der Äquatorialebene der zukünftigen Eizelle platziert wurden (Metaphase). Im Normalfall werden während der Anaphase die aus zwei Schwesterchromatiden bestehenden, homologen Chromosomen getrennt und weichen auseinander. Die anschließende Aufteilung der Eimutterzelle in eine große, plasmareiche und eine wesentlich kleinere, kaum mit Plasma gefüllte Zelle (das erste Polkörperchen) stellt eine inäquale Zellteilung dar. Der Chromosomensatz ist damit von 2n auf 1n reduziert worden (Reduktionsteilung).
In der anschließenden zweiten Reifeteilung trennen sich die Schwesterchromatiden der homologen Chromosomen. Die Chromatiden wandern jeweils zu entgegengesetzten Seiten der Zelle. Dieser Vorgang vollzieht sich sowohl im Polkörperchen als auch in der großen, plasmareichen späteren Eizelle. Auf diese Weise werden zum einen aus dem ersten Polkörperchen zwei Polkörperchen. Zum anderen entstehen durch eine erneute inäquale Teilung die spätere Eizelle und ein weiteres, drittes Polkörperchen. Das Ergebnis der zweiten Reifeteilung sind damit drei Polkörperchen und eine Eizelle, die alle Chromosomen beinhalten, die jeweils nur aus einer Chromatide aufgebaut sind.

- Bei den drei Polkörperchen der Eizelle 1 enthalten zwei jeweils nur das Chromosom 14. Polkörperchen 3 enthält dagegen zum einen ein verschmolzenes 14/21-Chromosom und zum anderen ein Exemplar des Chromosoms 21. Die erste Eizelle besitzt demnach sowohl eine Chromatide des „Kombinationschromosoms“ 14/21 als auch eine Chromatide des Chromosoms 21.
- Bei der Eizelle 2 liegen in zwei Polkörperchen sowohl das Fusionschromosom 14/21 als auch das Chromosom 14 vor. Beim 3. Polkörperchen findet sich nur das Chromosom 21. Letzteres ist auch in der Eizelle 2 der Fall.
- Im Fall der Eizelle 3 enthalten zwei Polkörperchen jeweils ein Mal das Chromosom 14 und ein Mal das Chromosom 21. Das dritte Polkörperchen enthält ein verschmolzenes 14/21-Chromosom. Die zugehörige Eizelle muss ebenfalls ein Chromosom enthalten, das aus der Kombination von Chromosomen 14 und 21 besteht.
- Im Fall der Eizelle 4 beinhalten zwei Polkörperchen das fusionierte 14/21-Chromosom. Polkörperchen Nummer 3 enthält je ein Chromosom 14 und 21. Eizelle zwei beinhaltet ebenso jeweils eine Chromatide des Chromosoms 14 und 21.

Im Folgenden ist der Ablauf der Meiose für alle vier angegebenen Fälle in einer beschrifteten Skizze dargestellt *(nur eine davon muss von Ihnen dargestellt sein, rechts finden Sie jeweils zusätzliche Erklärungen)*:

Chromosomenverteilung in der Meiose

Eizelle 1

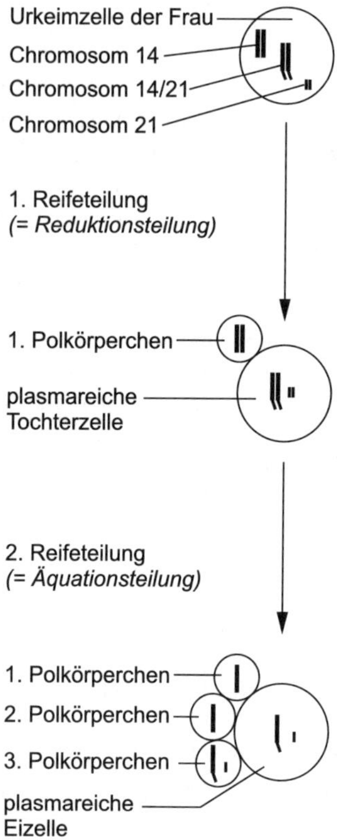

Die „Ausgangszelle" enthält ein „Kombinationschromosom" 14/21 sowie je ein Chromosom 14 und 21. Alle Chromosomen liegen als Zwei-Chromatid-Chromosomen vor.

Bei der 1. Reifeteilung wird der Chromosomensatz halbiert (von diploid zu haploid, 2n zu 1n), indem sich die homologen Chromosomen voneinander trennen. Es liegen weiterhin Zwei-Chromatid-Chromosomen vor.

Das Chromosom 14 wandert in die kleine Tochterzelle (das erste Polkörperchen), während die beiden anderen Chromosomen in der großen Tochterzelle verbleiben.
Aufgrund der vorliegenden Translokation kann keine „normale" Trennung der Homologen stattfinden. Statt dessen erfolgt eine ungleiche Verteilung der Chromosomen.

Bei der 2. Reifeteilung werden die Schwesterchromatiden voneinander getrennt, sodass Ein-Chromatid-Chromosomen entstehen.

Die Chromosomen 14/21 und 21 werden jeweils in ihre beiden Chromatiden aufgeteilt, von denen je eine in das dritte Polkörperchen wandert.
Die andere verbleibt in der späteren Eizelle.
Das zuvor entstandene Polkörperchen teilt sich entsprechend.

Eizelle 2

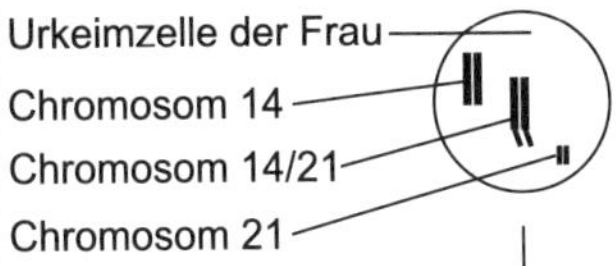

Die „Ausgangszelle" enthält ein „Kombinationschromosom" 14/21 sowie je ein Chromosom 14 und 21. Alle Chromosomen liegen als Zwei-Chromatid-Chromosomen vor.

1. Reifeteilung
(= Reduktionsteilung)

Bei der 1. Reifeteilung wird der Chromosomensatz halbiert (von diploid zu haploid, 2n zu 1n), indem sich die homologen Chromosomen voneinander trennen. Es liegen weiterhin Zwei-Chromatid-Chromosomen vor.

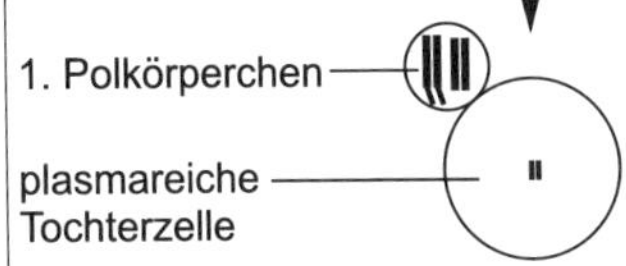

Das Chromosom 21 verbleibt in der großen Tochterzelle, während die kleinere Tochterzelle (das 1. Polkörperchen) das Chromosom 14 und das Chromosomen 14/21 erhält. Aufgrund der vorliegenden Translokation kann keine „normale" Trennung der Homologen stattfinden. Statt dessen erfolgt eine ungleiche Verteilung der Chromosomen.

2. Reifeteilung
(= Äquationsteilung)

Bei der 2. Reifeteilung werden die Schwesterchromatiden voneinander getrennt, sodass Ein-Chromatid-Chromosomen entstehen.

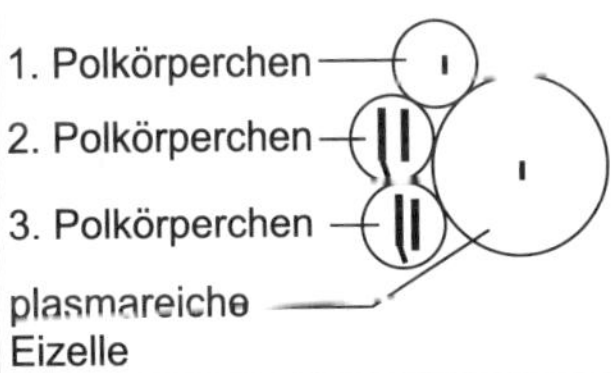

Das Chromosom 21 wird in seine beiden Chromatiden aufgeteilt, von denen eine in das dritte Polkörperchen wandert. Die andere verbleibt in der späteren Eizelle. Das zuvor entstandene Polkörperchen teilt sich entsprechend.

Eizelle 3

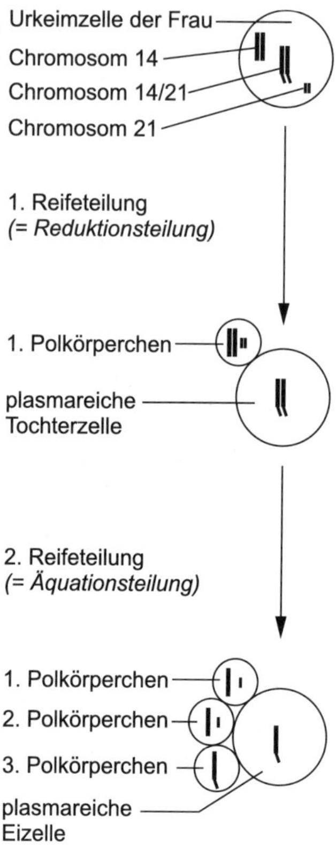

Die „Ausgangszelle" enthält ein „Kombinationschromosom" 14/21 sowie je ein Chromosom 14 und 21. Alle Chromosomen liegen als Zwei-Chromatid-Chromosomen vor.

Bei der 1. Reifeteilung wird der Chromosomensatz halbiert (von diploid zu haploid, 2n zu 1n), indem sich die homologen Chromosomen voneinander trennen. Es liegen weiterhin Zwei-Chromatid-Chromosomen vor.

Das Chromosom 14/21 verbleibt in der großen Tochterzelle, während die kleinere Tochterzelle (das erste Polkörperchen) die beiden einzelnen Chromosomen erhält.
Aufgrund der vorliegenden Translokation kann keine „normale" Trennung der Homologen stattfinden. Statt dessen erfolgt eine ungleiche Verteilung der Chromosomen.

Bei der 2. Reifeteilung werden die Schwesterchromatiden voneinander getrennt, sodass Ein-Chromatid-Chromosomen entstehen.

Das Chromosom 14/21 wird in seine beiden Chromatiden aufgeteilt, von denen eine in das dritte Polkörperchen wandert. Die andere verbleibt in der späteren Eizelle.
Das zuvor entstandene Polkörperchen teilt sich entsprechend.

Eizelle 4

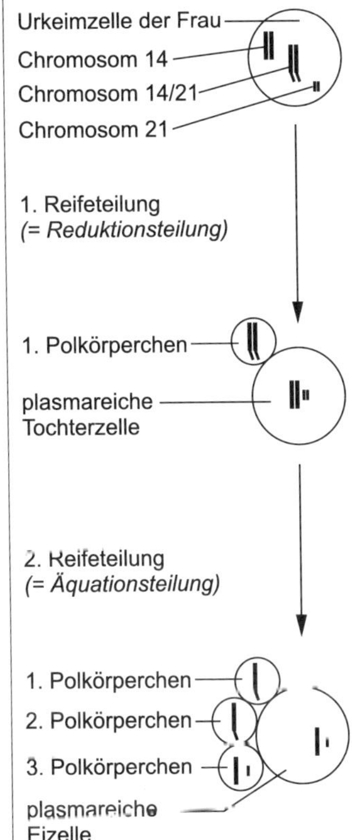

Die „Ausgangszelle" enthält ein „Kombinationschromosom" 14/21 sowie je ein Chromosom 14 und 21. Alle Chromosomen liegen als Zwei-Chromatid-Chromosomen vor.

Bei der 1. Reifeteilung wird der Chromosomensatz halbiert (von diploid zu haploid, 2n zu 1n), indem sich die homologen Chromosomen voneinander trennen. Es liegen weiterhin Zwei-Chromatid-Chromosomen vor.

Das Chromosom 14/21 wandert in die kleine Tochterzelle (das erste Polkörperchen), während die beiden einzelnen Chromosomen in der großen Tochterzelle verbleiben.
Aufgrund der vorliegenden Translokation kann keine „normale" Trennung der Homologen stattfinden. Statt dessen erfolgt eine ungleiche Verteilung der Chromosomen.

Bei der 2. Reifeteilung werden die Schwesterchromatiden voneinander getrennt, sodass Ein-Chromatid-Chromosomen entstehen.

Die Chromosomen 14 und 21 werden jeweils in ihre beiden Chromatiden aufgeteilt, von denen je eine in das dritte Polkörperchen wandert.
Die andere verbleibt in der späteren Eizelle.
Das zuvor entstandene Polkörperchen teilt sich entsprechend.

3 Das Risiko für die Frau, ein weiteres Kind mit Down-Syndrom zu bekommen, kann anhand der chromosomalen Ausstattung der Eizellen eindeutig bestimmt werden:

- Das Kind, welches sich aus der Eizelle im Fall 1 entwickeln wird, erkrankt definitiv am Down-Syndrom. Da in der Eizelle sowohl das „Kombinationschromosom" 14/21 vorliegt als auch eine Chromatide des Chromosoms 21, gibt die Mutter bereits zweimal das Chromosom 21 an ein mögliches Kind weiter. Kommen nun noch je ein Mal das Chromosom 14 und 21 aus dem väterlichen Spermium hinzu, enthält die befruchtete Eizelle drei Mal das Chromosom 21 *(genauer: die Erbinformation des Chromosoms 21 in dreifacher Kopie)*, was zur Ausprägung des Down-Syndroms führt.
- Aus der Eizelle im Fall 2 wird sich kein lebensfähiges Kind entwickeln, da hier eine Monosomie 14 auftritt. Liegt ein Autosom nur ein einer Kopie vor, wie hier das Chromosom 14, so stirbt der Fötus lange vor der Geburt.

- Im dritten Fall besteht kein Risiko, ein Kind auszutragen, das am Down-Sydrom erkranken wird. Die Eizelle enthält das durch eine balancierte Translokation entstandene „Kombinationschromosom“ 14/21. Damit liegen von der mütterlichen Seite je einmal die Chromosomen 14 und 21 (wenn auch verbunden) vor. Wenn von der väterlichen Seite nun ein weiteres 14-er- und ein weiteres 21-er-Chromosom in die Eizelle gelangen, sind rechnerisch zwei Chromosomen 14 und zwei Chromosomen 21 in der Zygote vorhanden.
- Der vierte dargestellte Fall ist der „genetisch günstigste“, weil bei ihm die balancierte Translokation aus der Erblinie entfernt wird. In der Eizelle liegen je ein Chromosom 14 und ein Chromosom 21 vor. Das Spermium transportiert die gleiche Chromosomenverteilung in die Eizelle. Damit enthält die Zygote jeweils zwei der Chromosomen 14 und ebenfalls zwei der Chromosomen 21. Das Kind ist somit vollständig gesund und ohne genetischen Defekt in den Chromosomengruppen 14 und 21.

Befruchtung von Eizelle 1

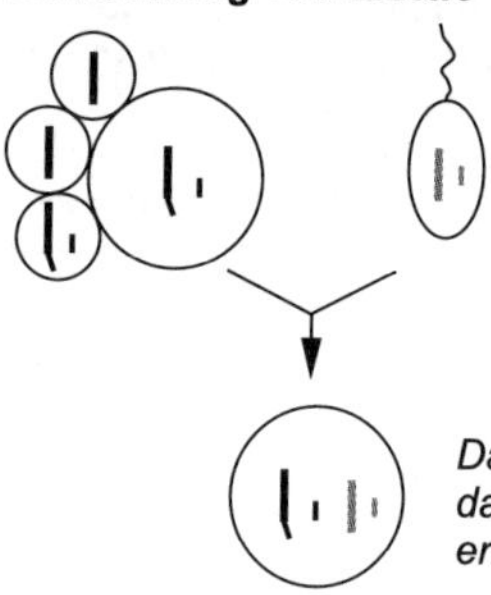

Das Kind wird das Down-Symdrom aufweisen, da es von seinen Eltern drei Kopien des Chromosoms 21 erhalten hat.

Befruchtung von Eizelle 2

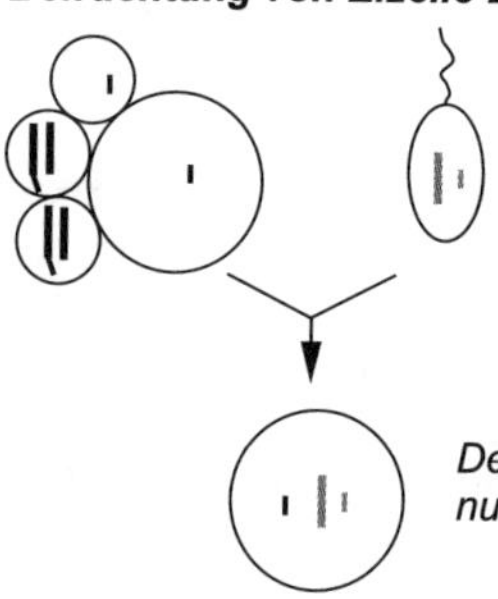

Der Fötus wird nicht überleben, da er von seinen Eltern nur eine Kopie des Chromosoms 14 erhalten hat.

Befruchtung von Eizelle 3

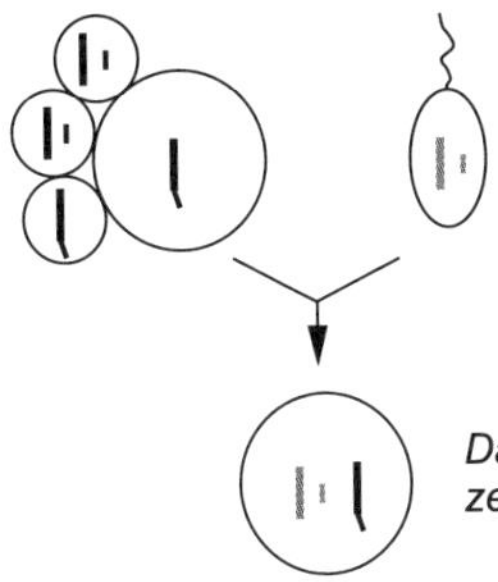

*Das Kind wird nicht am Down-Syndrom leiden,
zeigt aber wie die Mutter eine balancierte Transkolation*

Befruchtung von Eizelle 4

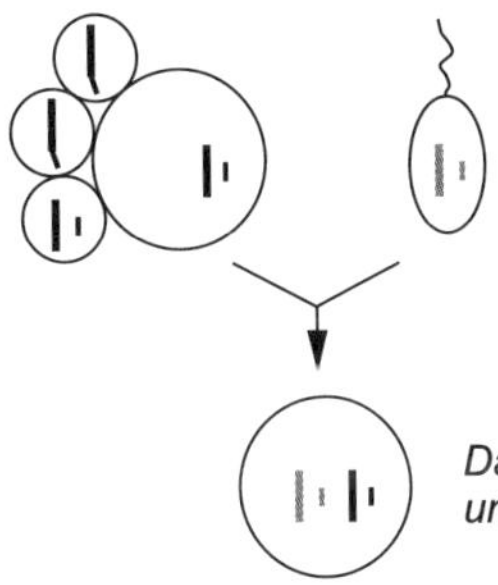

*Das Kind wird nicht am Down-Syndrom leiden
und zeigt eine „normale" genetische Ausstattung.*

Grundkurs Biologie (NRW) – Abitur-Prüfung 2007
Aufgabe 1

Aufgabenstellung:

Thema: Pflanzenschutz durch Nervengifte

I.1 Stellen Sie dar, wodurch das Ruhepotenzial am Axon einer Nervenzelle entsteht und erklären Sie die Funktion des ATP bei seiner Aufrechterhaltung. (14 Punkte)

I.2 Werten Sie auf der Grundlage des Materials A und B (Diagramm 1 und 2) die Befunde zur Giftwirkung des Sambunigrin begründend aus.
Zeichnen Sie dazu auch den zu erwartenden Verlauf des Membranpotenzials in das vorbereitete Diagramm des Materials C ein und begründen Sie Ihre Entscheidung. (24 Punkte)

I.3 Erläutern Sie anhand von Material A die Auswirkungen des Insektizids Bladafum auf die Informationsübertragung in der Synapse und erklären Sie, warum man Atropin als Gegenmittel verwenden kann. (16 Punkte)

Material A: Information zur Abwehr und Bekämpfung von Blattläusen

Blattläuse fügen den grünen Pflanzen, an denen sie im Sommer in Massen saugen, großen Schaden zu. Mit ihrem Rüssel bohren sie in die zuckerleitenden Gefäße und entziehen der Pflanze so große Mengen an Energieträgern und Baustoffen, dass die Pflanzen verkümmern oder eingehen können.
Einige Wildpflanzen besitzen einen natürlichen Schutz vor Pflanzensaftsaugern. Hierzu gehört der Schwarze Holunder. Seine Blätter, Blüten und unreifen Früchte enthalten das Blausäureglykosid Sambunigrin.
Das Gift inaktiviert in den Mitochondrien Enzyme der Atmungskette und hemmt dadurch die ATP-Bildung. Welchen Einfluss diese Blockade auf die Aktivität von Nervenzellen hat, wurde am Computer simuliert. Die Ergebnisse sind in Material B dargestellt.
Blattläuse gehören zu den häufigsten Schädlingen in Landwirtschaft und Gartenbau. Bei der Bekämpfung von Blattläusen auf Kulturpflanzen setzt der Landwirt oder Gärtner häufig das Pflanzenschutzmittel Bladafum ein. Chemisch gehört Bladafum in die Gruppe der Phosphoester. Seine Wirkung als Insektizid kommt dadurch zu Stande, dass der Säurerest stabil auf das aktive Zentrum der Acetylcholinesterase (ACh-Esterase) übertragen wird und so das Enzym in seiner Aktivität blockiert.
Nicht nur für Blattläuse ist Bladafum giftig, sondern auch für den Menschen. Gelangt durch Anwendungsfehler das Gift in den menschlichen Organismus, wird als Gegengift Atropin verabreicht.

Atropin ist das Gift der Tollkirsche. Es blockiert reversibel die Acetylcholinrezeptoren in Synapsen des Herzens, der Eingeweide und der Irismuskeln im Auge. (Anmerkung: Iris = Regenbogenhaut).

Material B: Wirkung von Sambunigrin

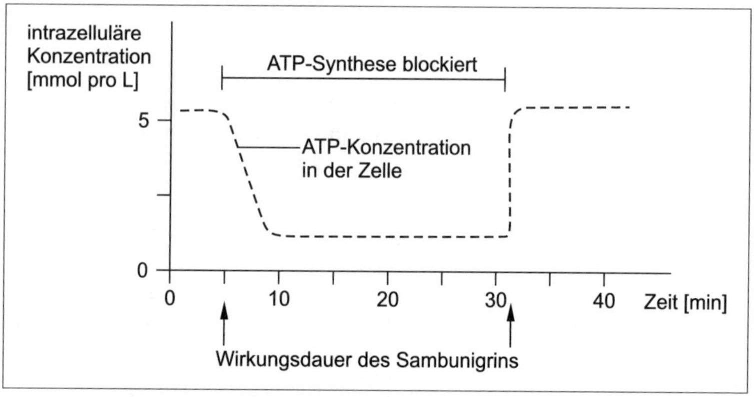

Diagramm 1: Intrazelluläre ATP-Konzentration

verändert nach: Roschke, A.: Sambunigrin – Motor der Evolution. In: Unterricht Biologie, Jg. 24, 2000, H. 257, S. 51

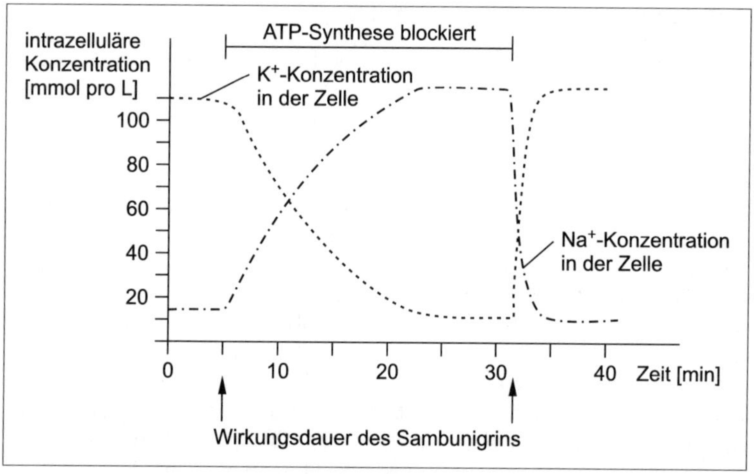

Diagramm 2: Intrazelluläre Konzentration von Natrium- und Kaliumionen in Gegenwart von Sambunigrin

verändert nach: Roschke, A.: Sambunigrin – Motor der Evolution. In: Unterricht Biologie, Jg. 24, 2000, H. 257, S. 51

Material C: Membranpotenzial bei Blockade der ATP-Synthese

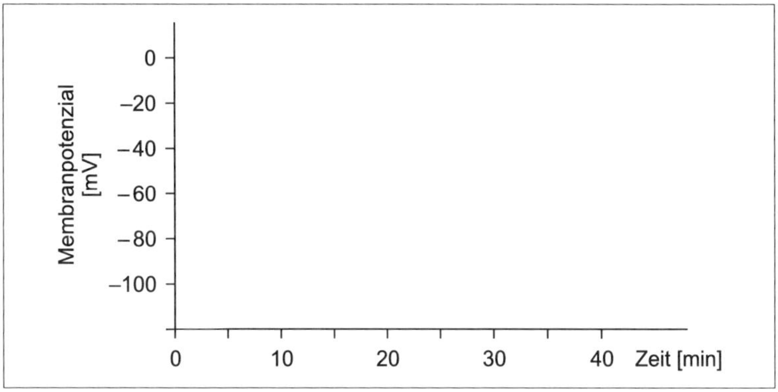

Diagramm: Ruhepotenzial ohne Sambunigrin: –90 mV

Lösungsvorschlag

In der Aufgabe thematisierte Unterrichtsinhalte sind:
Steuerungs- und Regulationsmechanismen im Organismus: Bau und Funktion des Neurons, Erregungsentstehung, Erregungsleitung, Synapsenvorgänge

I.1 *Bevor Sie mit der Bearbeitung der Teilaufgabe beginnen, sollten Sie sich zunächst darüber klar werden, was mit den Begriffen „Potenzial" und „Ruhepotenzial" gemeint ist. In der Elektro-Physiologie ist der Begriff „Potenzial" gleichbedeutend mit einer Spannung [U] gemessen in Volt [V], die zwischen der Außenseite und der Innenseite der Neuron-Membran anliegt. Mit dem Begriff Ruhepotenzial bezeichnet man das Potenzial an Membranen erregbarer Zellen, die sich in einem Zustand der Ruhe befinden. Das Ruhepotenzial entsteht immer an der Membran der Nervenzelle und nicht in deren Innern! Dabei wird das Potenzial des extrazellulären Raumes als Null Volt definiert. Meistens besteht zwischen dem Zellinneren und der die Zelle umgebenden extrazellulären Flüssigkeit eine Potentialdifferenz. Diese elektrische Spannung bezeichnet man als Ruhepotenzial. Ausgehend von diesen Überlegungen können Sie nun an die Darlegung der Ionenverteilung gehen.*

Bei Nervenzellen wird das Ruhepotenzial am Axon zum einen durch eine asymmetrische Ungleichverteilung von Ionen innerhalb der Nervenzelle und der sie umgebenden extrazellulären Flüssigkeit und zum anderen durch spezifische Eigenschaften der Axonmembran (Permeabilität) verursacht.
Verschiedene Ionen sind bei der Entstehung dieser Potenzialdifferenz, dieser elektrischen Spannung, beteiligt. Hierzu gehören die positiv geladenen Katio-

nen Na^+ und K^+ sowie die negativ geladenen Anionen Cl^-. Hinzu kommen ebenfalls negativ geladene, große organischen Anionen, meist in Form von Proteinen. Diese unterschiedlich geladenen Ionen sind an der Axonmembran, die das Axoninnere gegen den extrazellulären Raum abtrennt, nicht gleich verteilt. Im Zellinneren des Axons befinden sich deutlich mehr K^+-Ionen als außerhalb der Nervenzelle. Umgekehrt verhält es sich bei der Verteilung der Na^+-Ionen. Hier liegt die Konzentration der Na^+-Ionen innerhalb des Axons deutlich unterhalb derjenigen, die außerhalb herrscht. Auch die Konzentration der Cl^--Ionen ist außerhalb des Neurons deutlich höher als innerhalb. Für die negativ geladenen Proteine gibt es keine Entsprechung außerhalb der Nervenzelle, sondern nur anorganische Cl^--Ionen.
Wie jede Biomembran ist auch die Membran des Axon selektiv permeabel. Verantwortlich für die selektive Permeabilität sind besondere Proteine der Membran, die Poren (Porenproteine, Tunnelproteine, Ionenkanäle) ausbilden. Diese sind nur für bestimmte Ionen passierbar. Daher können Wassermoleküle durch die Membran hindurch diffundieren – Ionen im Normalfall nicht. Dies gilt uneingeschränkt ebenfalls für die negativ geladenen Proteine und grundsätzlich auch für die Na^+-Ionen. Letztere können aber in einem geringen Maß in die Nervenzelle diffundieren – ein Phänomen, das man mit dem Begriff Leckstrom bezeichnet. Die Na^+-Kanäle sind im Ruhezustand der Nervenzelle geschlossen. Da K^+-Ionenkanäle im Ruhezustand geöffnet sind, können K^+-Ionen entlang des Konzentrationsgradienten in den extrazellulären Raum diffundieren, wo ihre Konzentration deutlich niedriger ist als innerhalb der Nervenzelle. Hierdurch werden aus dem Inneren des Axons positive Ladungen „abgezogen", der Außenraum wird stärker elektrisch positiv. Da die großen, negativ geladenen Proteine sich vornehmlich an die Membraninnenseite des Axons anlagern, halten diese aus dem Zellinneren heraus diffundierte K^+-Ionen an der Membranaußenseite elektrostatisch fest. Daraus resultiert bei der Potenzialdifferenz, also der Membranspannung, dass durch die ungleiche Verteilung von positiven und negativen Ladungsträgern das Innere des Axons gegenüber dem extrazellulären Raum negativ geladen ist. Die Na^+-Leckströme sorgen aber für einen Zustrom positiver Ladungen in das Innere des Axons und ermöglichen damit K^+-Ionen (entsprechend des Konzentrationsgradienten), in den extrazellulären Raum zu diffundieren. So verändert sich die Ungleichverteilung der Ionen, die das Ruhepotenzial aufrecht erhält, auf beiden Seiten der Membran. Diese Störungen des Ionen-Gleichgewichts werden mit der Natrium-Kalium-Pumpe, einer ATPase, beseitigt. Sie transportiert in einem Arbeitsgang nacheinander drei Na^+-Ionen in den extrazellulären Raum und befördert anschließend zwei K^+-Ionen in die Nervenzelle hinein. Dieser Transport, der für beide Ionen-Sorten gegen das Konzentrationsgefälle abläuft, ist energiebedürftig. Die Energie wird in Form von ATP, das in den Multienzymkomplexen der mitochondrialen Atmungskette gebildet wird, für den Transportvorgang bereitgestellt.

I.2 *Wenn – wie in diesem Fall – eine Auswertung mehrere Diagramme im Zusammenhang gefordert wird, ist es zweckmäßig, zunächst die Diagramme kurz zu beschreiben und anschließend auszuwerten. Auf diese Weise läuft man nicht Gefahr, wichtige Teilaspekte in den Darstellungen zu übersehen.*

Im Diagramm 1 zur intrazellulären ATP-Konzentration unter der Einwirkung von Sambunigrin ist auf der Ordinate (y-Achse) die intrazelluläre ATP-Konzentration in mmol/L und auf der Abszisse (x-Achse) die Zeit in Minuten angegeben. Die Konzentration von ATP vor und nach der Einwirkung von Sambunigrin auf die Nervenzelle beträgt jeweils etwas mehr als 5 mmol/L. Sobald Sambunigrin zugegeben wird (5. Minute), fällt die ATP-Konzentration deutlich ab und erreicht nach fünf Minuten einen Wert von ca. 1 mmol/L. Während der gesamten Wirkungsdauer des Sambunigrins (bis zur 31. Minute) bleibt dieser Wert konstant und steigt erst dann sprunghaft wieder auf den ursprünglichen Wert von 5 mmol ATP/L, wenn Sambunigrin nicht mehr auf die Nervenzelle einwirkt. Während dieser Zeit, in der Sambunigrin wirksam ist, wird die ATP-Synthese somit blockiert.
Das Diagramm 2 verdeutlicht die intrazelluläre Konzentration von Na^+- und K^+-Ionen bei Anwesenheit von Sambunigrin. Auf der Ordinate (y-Achse) sind wieder die intrazellulären Konzentrationen der betrachteten Ionen in mmol/L aufgetragen, an der Abszisse (x-Achse) ist die Zeit in Minuten angegeben. Vor und nach der Wirkungsdauer des Sambunigrins (und der daraus resultierenden blockierten ATP-Synthese) beträgt die Konzentration der K^+-Ionen 110 und die der Na^+-Ionen ca. 15 mmol/L in der Zelle. Während die ATP-Synthese blockiert ist, fällt die intrazelluläre K^+-Ionenkonzentration kontinuierlich innerhalb von 20 Minuten auf einen Wert von 10 mmol/L. Ebenso kontinuierlich steigt während des gleichen Zeitraums die intrazelluläre Na^+-Konzentration auf mehr als 110 mmol/L an. Nachdem die Wirkungsdauer des Sambunigrin beendet ist, fällt (Na^+) bzw. steigt (K^+) der jeweilige Wert der Konzentration innerhalb von weniger als 5 Minuten wieder auf den Normalwert vor der Blockierung der ATP-Synthese.
Die dargelegten Befunde aus den Diagrammen 1 und 2 lassen sich wie folgt deuten: Die Ionenverteilung von Na^+ und K^+ innerhalb der Nervenzelle wird durch die Na^+-K^+-Pumpe aufrechterhalten. Für den Betrieb der Pumpe ist Energie in Form von ATP notwendig. Wenn die ATP-Synthese – wie in diesem Fall durch Sambunigrin – blockiert ist, kann die Na^+-K^+-ATPase ihre Funktion, die entsprechenden Ionen gegen das Konzentrationsgefälle zu pumpen und somit das Ruhepotenzial aufrecht zu erhalten, nicht mehr erfüllen. Ausgehend vom Ruhepotenzial der Nervenzelle, dessen Verhältnisse die Diagramme vor bzw. nach der Wirkungsdauer von Sambunigrin angeben, fällt die Konzentration der K^+-Ionen in der Zelle, da sie entlang des Konzentrationsgradienten aus der Nervenzelle heraus diffundieren. Bei der Na^+-Ionenkonzentration ist der Fall umgekehrt. Hier steigt ihre intrazelluläre Menge an, da Natrium-Ionen auf Grund der geringeren intrazellulären Konzentration in die Nervenzelle hinein diffundieren können (Leckstrom). Sobald wieder ATP für den Betrieb

der Na^+-K^+-Pumpe zur Verfügung steht, wird sehr schnell der Ausgangszustand des Ruhepotenzials wieder hergestellt, da nur mit dieser Ionenverteilung die Auslösung eines Aktionspotenzials möglich ist.

Sollen Diagramme gezeichnet oder – wie hier – vervollständigt oder ergänzt werden, ist es ratsam, mit Bleistift bzw. Buntstiften zu arbeiten, da falsch eingezeichnete Kurven so leichter korrigiert werden können.

In Bezug auf das Membranpotenzial bei Blockade der ATP-Synthese ist der folgende Kurvenverlauf zu erwarten:

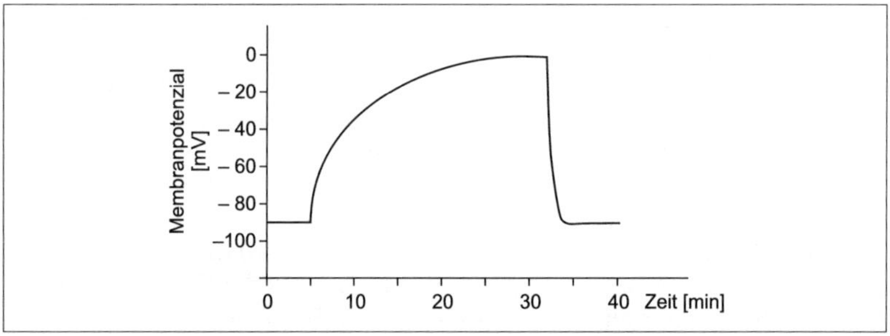

Der Verlauf der Kurve des Membranpotenzials ist wie folgt zu erklären. Ohne die Einwirkung von Sambunigrin ist die Na^+-K^+-Pumpe nicht blockiert. Das Ruhepotenzial liegt bei –90 mV. Sobald durch das Gift Sambunigrin die ATP-Synthese unterbunden ist, kann die Ionenverteilung innerhalb der Zelle nicht mehr aufrecht erhalten werden. Dadurch verringert sich der Konzentrationsgradient der Kalium-Ionen. Dies hat zur Folge, dass die Potenzialdifferenz stetig abnimmt und die Membranspannung auf 0 mV zugeht und diesen Wert schließlich auch erreicht. Sobald die Na^+-K^+-ATPase wieder arbeitet, wird der Ausgangszustand in Bezug auf die Ionenverteilung – und damit das Ruhepotenzial – innerhalb von wenigen Minuten wieder hergestellt.

I.3 *Bei der Bearbeitung von Textmaterialien kommt es darauf an, die gewünschten Informationen bei der Auswertung schnell aus den Darstellungen entnehmen zu können. Meistens sind nicht alle Textinformationen für eine sinnvolle Bearbeitung der Aufgabenstellung notwendig! Hier sollten beim Durcharbeiten des Textes mit verschieden farbigen Textmarkern unterschiedliche Teilaspekte hervorgehoben werden, deren Bearbeitung in der Aufgabenstellung verlangt wird. Wichtig ist, dass in der Aufgabenstellung keine komplette Funktionsdarstellung einer chemischen Synapse verlangt wird, sondern die Darlegung von Teilaspekten und deren Beeinflussungsmöglichkeit erfolgen soll.*

Der Phosphorester Bladafum wird als chemisches Pflanzenschutzmittel bei der Bekämpfung von Blattläusen angewendet. Die wirksame Komponente der Chemikalie ist der Säurerest, welcher im synaptischen Spalt eine stabile Verbindung mit der Acetylcholin-Esterase eingehen kann. Die Aufgabe der ACh-Esterase innerhalb der Synapse besteht darin, den Neurotransmitter Acetylcholin in Essigsäure und Cholin zu spalten. Dadurch ist gewährleistet, dass es zu keiner ständigen Anlagerung der ACh-Moleküle an die ACh-Rezeptoren in der postsynaptischen Membran und damit zu keiner Dauerdepolarisation kommt. Wird die ACh-Esterase blockiert, tritt genau dies ein. Acetylcholin wird nicht gespalten, die Transmittermoleküle verbleiben im synaptischen Spalt und können sich immer wieder mit den ACh-Rezeptoren verbinden. Dadurch werden die Na^+-Ionenkanäle anhaltend geöffnet, es kommt zu einer Dauererregung der postsynaptischen Membran und einer fortlaufenden Weiterleitung dieser Erregung.

Atropin besitzt einen anderen Wirkmechanismus. Das Gift der Tollkirsche kann sich reversibel mit dem ACh-Rezeptor der postsynaptischen Membran verbinden – ohne dabei ein Öffnen der Na^+-Ionenkanäle zu bewirken. Den ACh-Molekülen ist es dann nicht mehr oder – da die Atropin-Anlagerung reversibel ist – nur noch selten möglich, an ihre spezifischen Rezeptoren zu binden und eine Depolarisation der postsynaptischen Membran zu bewirken. In dieser Eigenschaft liegt auch die Verwendung von Atropin bei einer Bladafum-Vergiftung begründet. Atropin kann als „Gegenspieler“ zu Bladafum fungieren. Eine Dauerdepolarisation der postsynaptischen Membran kann durch Zugabe von Atropin abgeschwächt werden, da dieses Gift sich mit den ACh-Rezeptoren verbindet und die im Übermaß vorhandenen, nicht gespaltenen ACh-Moleküle sich dann nicht so häufig mit ihren Rezeptoren verbinden können. Eine Dauerdepolarisation der postsynaptischen Membran kann dadurch unterbunden werden.

Grundkurs Biologie (NRW) – Abitur-Prüfung 2007
Aufgabe 2

Aufgabenstellung:

Thema: Artentstehung bei Goldhähnchen unter Berücksichtigung ökologischer Aspekte

II.1 Vergleichen Sie die Kennzeichen und die ökologischen Ansprüche von Winter- und Sommergoldhähnchen mit Hilfe der Materialien A, D und E und erklären Sie die ökologische Bedeutung der Unterschiede. (20 Punkte)

II.2 Beschreiben Sie die heutige Verbreitung der beiden Vogelarten während der Brutzeit (Material B) und leiten Sie ab, welche Sachverhalte dafür sprechen, dass Sommergoldhähnchen und Wintergoldhähnchen verschiedene Arten sind, die beide von einer Urpopulation abstammen. (12 Punkte)

II.3 Entwickeln Sie gemäß der Synthetischen Evolutionstheorie eine Hypothese, wie aus einer Urpopulation die beiden Arten Sommer- und Wintergoldhähnchen in Europa entstanden sind.
Berücksichtigen Sie bei Ihrer Darstellung die Informationen zur Eiszeit (Material C) sowie die ökologischen und verhaltensbiologischen Daten. (22 Punkte)

Material A: Zur Biologie der Sommer- und Wintergoldhähnchen

Goldhähnchen sind die kleinsten Singvögel in Deutschland, sie wiegen 5 – 6 g und sind ca. 8,5 cm groß. Sie leben in den gemäßigten bis nördlichen Breiten Europas, Asiens und Amerikas.
In Europa sind zwei Arten heimisch, das Sommergoldhähnchen und das Wintergoldhähnchen. An unterschiedlichen Gefiederstreifen am Auge und am Gesang sind Sommer- und Wintergoldhähnchen leicht zu unterscheiden.
Sommergoldhähnchen und Wintergoldhähnchen können während der Brutzeit in kleinen Brutrevieren von kaum 100 m^2 leben.

Informationen zum Wintergoldhähnchen:

Es lebt in dichten Nadelwäldern und ernährt sich von Insekten.
Der Gesang des Wintergoldhähnchens besteht aus einer sehr hohen und feinen, etwa drei Sekunden dauernden Strophe aus stetigen, auf- und abgehenden Elementfolgen mit variablem Endschnörkel. Wintergoldhähnchen sind Teilzieher. Das heißt, nur die nördlichen Standorte werden im Herbst verlassen; das Überwinterungsgebiet der Wintergoldhähnchen liegt in Mitteleuropa.

Informationen zum Sommergoldhähnchen:

Das Sommergoldhähnchen bevorzugt Nadelwälder, lebt aber auch in lichteren Mischwäldern in Höhenlagen bis 1 000 m. Der Gesang des Sommergoldhähnchens besteht aus einer sehr hohen und feinen, etwa zwei Sekunden dauernden Strophe aus etwas ansteigenden Elementen mit zunehmender Lautstärke und konstantem Schlusstriller. Sommergoldhähnchen sind Insektenfresser.
Auch Sommergoldhähnchen sind Teilzieher, die im Herbst zur Überwinterung nach Südeuropa ziehen.

Material B: Heutige Verbreitung von Winter- und Sommergoldhähnchen in Europa während der Brutzeit

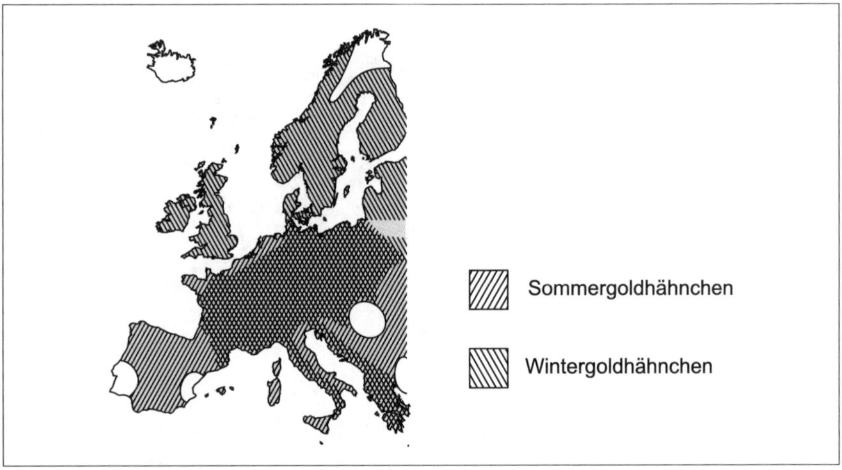

Zwischen Sommer- und Wintergoldhähnchen werden keine Bastarde beobachtet.

Material C: Informationen zur Eiszeit

Im Verlauf der Erdgeschichte der letzten eine Million Jahre ereigneten sich mehrere Kaltzeiten, in denen die Temperatur um mehr als 10 °C im Durchschnitt niedriger war als heute. In den Kaltzeiten waren weite Landstriche Europas vereist. Die letzte Kaltzeit endete in Europa vor knapp 20 000 Jahren.

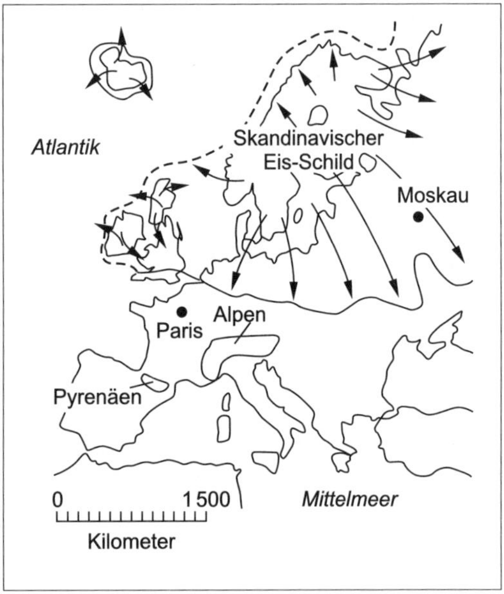

Die Abbildung zeigt die Ausdehnung von Eis (Eisschilde und Gletscher) einer Kaltzeit, die etwa 100 000 Jahre dauerte.
Sie ereignete sich vor 230 000 bis 130 000 Jahren.

Material D: Aufenthalt von Winter- und Sommergoldhähnchen in verschiedenen Baumarten zur Futtersuche während der Brutzeit

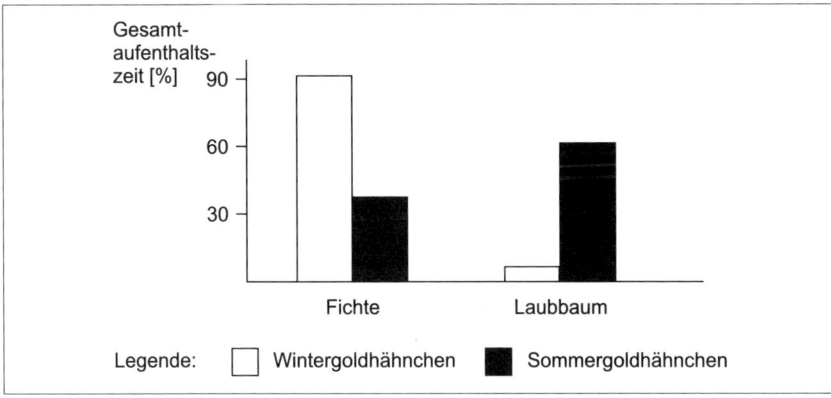

verändert nach: Thaler-Kottek, E.: Lebenskünstler Goldhähnchen. Biologie in unserer Zeit, Jg. 18, 1988, H. 2, S. 34

Material E: Wahlversuche von Winter- und Sommergoldhähnchen für Beutetiere mit unterschiedlichem Gewicht während der Brutzeit

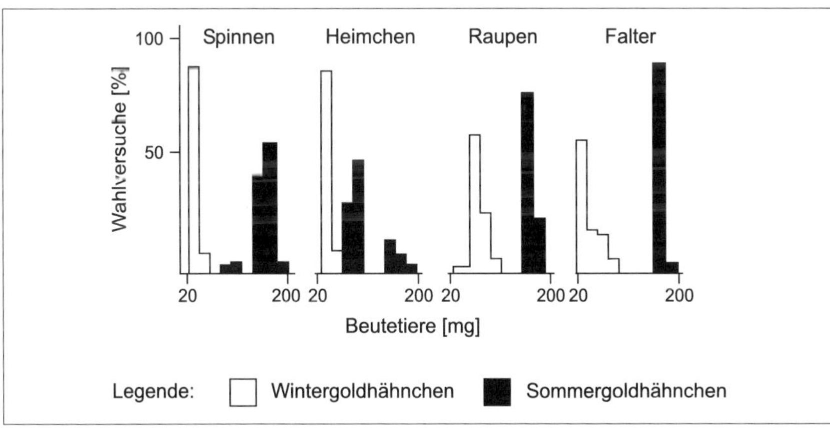

verändert nach: Thaler-Kottek, E.: Lebenskünstler Goldhähnchen. Biologie in unserer Zeit, Jg. 18, 1988, H. 2, S. 36

weitere Materialgrundlage:
Dylla, K. und Kattmann, U.: Art oder Rasse? Eine Übung zur systematischen Einordnung von Populationen einheimischer Singvögel. In: Praxis der Naturwissenschaften Biologie, Jg. 28, 1979, H. 2, S. 29 f.
Grzimeks Tierleben Bd. 9, Zürich 1970, S. 254 ff.
Janssen, W.: Gesänge heimischer Singvögel. In: Unterricht Biologie, Jg. 17, 1991, H. 163, S. 254 ff.
Heinzel, H., Fitter, R., Parslow, J.: Pareys Vogelbuch, Berlin 1980, S. 238

Lösungsvorschlag

In der Aufgabe thematisierte Unterrichtsinhalte sind:
Evolution der Vielfalt des Lebens in Struktur und Verhalten: Grundlagen evolutiver Veränderung, Art und Artbildung, Erklärungsmodelle für Evolution (Synthetische Evolutionstheorie)

II.1 *Ein Vergleich zweier Arten in ihren Eigenschaften kann sowohl in einem Fließtext als auch in Form einer Tabelle erfolgen. Eine tabellarische Darstellung hat den Vorteil, dass die zu vergleichenden unterschiedlichen Daten direkt nebeneinander stehen. Der Vergleich wird dadurch einerseits übersichtlicher und besser strukturiert als ein Text. Andererseits können nachträglich leichter weitere Informationen eingefügt werden, sofern die einzelnen Vergleichszeilen nicht zu knapp bemessen werden. Eine Beschreibung der Diagramme (Materialien D und E) ist hier nicht erforderlich.*

	Wintergoldhähnchen	**Sommergoldhähnchen**
Gewicht; Größe	5–6 g; 8,5 cm (kleinste Singvogelarten Deutschlands)	
Brutreviere	klein, kaum 100 m^2 groß	
Verbreitung	gemäßigte bis nördliche Breiten Europas, Asiens, Amerikas	
Nahrung	Insekten	
Gefieder	schmaler, lang gezogener Gefiederstreifen über dem Auge	kräftiger, nach hinten verbreiteter Gefiederstreifen über dem Auge
Gesang	sehr hohe, feine, ca. drei Sekunden dauernde Strophe; Elementfolge auf- und abgehend mit variablen Endschnörkeln	sehr hohe, feine, ca. zwei Sekunden dauernde Strophe; Elemente etwas ansteigend mit zunehmender Lautstärke, konstanter Schlusstriller
Zugverhalten	Teilzieher, die nur nördliche Standorte im Herbst verlassen, ansonsten in den gemäßigten Breiten Mitteleuropas bleiben	Teilzieher, die zur Überwinterung im Herbst nach Südeuropa ziehen
Lebensraum (Aufenthaltsraum)	dichte Nadelwälder	Nadelwälder, auch lichte Mischwälder bis 1 000 m
Lebensraum (Nahrungsbeschaffung während der Brutzeit)	auf Fichten (verschwindend gering auch auf Laubbäumen)	bevorzugt auf Laubbäume, aber auch auf Fichten
Beutetiere während der Brutzeit	kleine bzw. leichte Beutetiere um 20 mg, vereinzelt auch schwerer (Spinnen, Heimchen) oder deutlich schwerer (Raupen, Falter)	bevorzugt größere Beutetiere (Raupen, Falter), aber auch kleinere (vor allem Heimchen, weniger Spinnen)
Gewichtsspektrum bei Spinnen und Heimchen	gering	breit, aber geteilt bei Spinnen und Heimchen
Gewichtsspektrum bei Raupen und Faltern	breit	gering

Die Gegenüberstellung von Sommer- und Wintergoldhähnchen in Bezug auf ihre Lebensgewohnheiten zeigt deutlich, dass beide Arten in unterschiedlichen ökologischen Nischen beheimatet sein müssen. Hiermit liegt das ökologische Prinzip der Konkurrenzvermeidung vor. Beide Arten können im selben Lebensraum koexistieren, da sie nicht in direkter Auseinandersetzung um gleiche ökologische Anforderungen – vor allem in Bezug auf Nahrung – stehen.

II.2 *Die Bearbeitung der Aufgabenstellung erfordert sowohl genauere geografische Kenntnisse als auch eine konkrete Abgrenzung bei der Beschreibung der Verbreitungsgebiete der Vögel während der Brutzeit. Beschreiben Sie zunächst anhand von Material B die Verbreitungsgebiete der beiden Vogelarten. Zum Ableiten der Sachverhalte in der zweiten Teilaufgabe ist auch ein Rückgriff auf die erarbeiteten Ergebnisse aus der ersten Teilaufgabe erforderlich.*

Der Verbreitungsraum der Sommergoldhähnchen ist laut Material B Mitteleuropa und Südeuropa. Die Wintergoldhähnchen leben in Nordeuropa, Osteuropa und Mitteleuropa, im Südwesten Italiens und Teilen Griechenlands. Keine Goldhähnchen findet man im Westen und Osten Spaniens, und Gebieten um Ungarn, Griechenland und Rumänien. Auch auf Island sowie im äußersten Norden und Teilen Zentral-Skandinaviens gibt es keine Goldhähnchen. In mehreren Gebiete Europas kommen beide Arten der Goldhähnchen nebeneinander vor. Hierzu zählen Mitteleuropa, der Süden und die Westküste Italiens sowie Süd- und Mittel-Griechenland.
Zwischen Sommer- und Wintergoldhähnchen gibt es in den Brutgebieten, die von beiden Arten bevölkert werden, keine Bastarde. Dies ist ein deutlicher Hinweis darauf, dass zwischen beiden Goldhähnchen in den Überlappungsgebieten keine sexuelle Vermischung und damit kein Austausch genetischen Materials stattfindet. Eine Begründung für die Existenz zweier getrennter Arten ist eine ethologische Isolation möglicher Geschlechtspartner. Auf einen artspezifischen Gesang des Männchens reagieren immer nur die Weibchen der gleichen Art. Betrachtet man allerdings die bereits in der ersten Teilaufgabe dargelegten Übereinstimmungen zwischen Winter- und Sommergoldhähnchen, so liegt die begründete Vermutung nahe, dass beide Vogelarten auf eine gemeinsame Ursprungspopulation, zurückgehen. Die gleichgroßen Brutreviere, ihre übereinstimmende Größe, die ähnliche Gefiederfarbe, das annähernd gleiche Gewicht und weitere anatomische Merkmale wie ein ähnlicher, auf das Fangen von Insekten spezialisierter spitzer Schnabel, legen diese Überlegungen nahe.

II.3 *Zunächst sollten Sie sich die Bestandteile der Synthetischen Evolutionstheorie noch einmal ins Gedächtnis rufen. Hierbei ist es oft hilfreich, wenn Sie auf einem Notizzettel alle Komponenten der Synthetischen Evolutionstheorie auflisten. Anhand dieser Auflistung können Sie dann entscheiden, welche der Bestandteile auf den Fall der Goldhähnchen angewendet werden können. Dies sind Mutation, Selektion, Rekombination, Isolation, Genpool und Variation. Sie sollten hier nicht die Synthetische Evolutionstheorie in toto darlegen, sondern aus dem Aufgabenmaterial erkennbare Sachverhalte auf die Theorie anwenden. Um diese Aufgabe bearbeiten zu können, müssen Sie wiederum erarbeitete Ergebnisse aus den beiden vorangegangenen Teilaufgaben heranziehen.*

Aufgrund der vielen Übereinstimmungen zwischen den beiden Arten ist es sehr wahrscheinlich, dass Winter- und Sommergoldhähnchen auf eine gemeinsame Ursprungsart, eine gemeinsame Ursprungspopulation, zurückgehen. Das zentrale Verbreitungsgebiet beider Arten, Mitteleuropa, stellt den wahrscheinlichen Lebensraum einer Ursprungspopulation dar. Innerhalb dieser Ursprungspopulation traten vermutlich Mutationen auf. Wenn diesen Mutationen selektionsbegünstigt waren, konnten sie im Verlaufe der Rekombination an die Nachkommenschaft weitergegeben werden. Bei den Individuen der Ursprungspopulation kam es dadurch zu einer Veränderlichkeit des Phänotyps. Eine Variabilität innerhalb der Population war die Folge. Ob zwischen den Individuen mit einem veränderten Phänotyp noch Paarungen (Genfluss) stattgefunden haben, kann nicht festgestellt werden.
Hypothetisch kann die Entwicklung beider Goldhähnchenarten – aufgrund der Trennung der Ausgangspopulation in unterschiedliche Einzelpopulationen – folgendermaßen abgelaufen sein: Konkurrenz der Individuen um Raum- und Nahrungsressourcen führte zu einer Trennung der Ausgangspopulation in mindestens zwei Teilpopulationen. Die Umweltbedingungen während der Eiszeit in Europa könnten in Form einer geografischen Separation die Aufteilung der Population wesentlich beeinflusst haben. Wärmeliebende Individuen der Ausgangsart breiteten sich weiter nach Südwesten hin aus. Diejenigen Individuen der Ausgangspopulation, die auf Grund von Mutationen (siehe oben) besser mit der Umgebungskälte umgehen konnten, verblieben im nadelwaldreichen Ursprungsgebiet oder zogen in die kälteren östlichen Regionen. Innerhalb der nun geografisch isolierten Teilpopulationen konnten weitere Mutationen stattfinden. Wenn diese von der Selektion begünstigt waren, konnten sich die unterschiedlichen Neuerungen innerhalb der beiden Teilpopulationen getrennt durchsetzen. Der Selektionsdruck wurde – spezifisch für jede Teilpopulation – durch die unterschiedlichen Umweltbedingungen bestimmt. Wurde beispielsweise verschiedene, an unterschiedlichen Stellen gefundene Nahrung verwertet, führte dies innerhalb der Teilpopulationen zu einer transformierenden, gerichteten Selektion. Eine weitere Trennung der Teilpopulationen könnte auch durch eine Verhaltensänderung geschehen, wie dies beispielsweise durch die Veränderung des Balzgesanges und der Gefiederzeichnung erfolgt ist.

Nach ca. 100 000 Jahren Dauer ging die letzte Eiszeit in Mitteleuropa zu Ende. Die Gletscher wichen zurück, das Klima wurde wärmer und allmählich bildeten sich die heute in Europa herrschenden klimatischen Bedingungen aus. Da nun keine geografische Isolation mehr vorherrschte, konnten sich die Goldhähnchenpopulationen unter diesen neuen Bedingungen weiter ausbreiten. Freie ökologische Nischen in den neu geschaffenen Lebensräumen wurden von ihnen besetzt. Dabei trafen die Individuen der beiden Populationen in Mitteleuropa aufeinander. Bei diesem Zusammentreffen kam es weder zu einer Bastardierung zwischen den beiden Populationen noch zu einer Konkurrenzsituation. Auf Grund der Veränderungen im Genpool während der geografischen Isolation waren die ehemaligen Teilpopulationen jetzt auch ethologisch voneinander getrennt, z.B. durch das unterschiedliche Balzverhalten (Gesang). Auch die Besetzung unterschiedlicher ökologischer Nischen durch die Individuen der Teilpopulationen kann zusätzlich als Grund für fehlende Paarungsaktivität herangezogen werden. Die Sommergoldhähnchen und den Wintergoldhähnchen koexistieren nun im überlappenden Siedungsgebiet. Zwei neue Arten haben sich gebildet.

Aufgabenstellung:

Thema: Der „Rabenvogelstreit" und seine populationsdynamischen Hintergründe

III.1 Stellen Sie die 1. und 2. Lotka-Volterra-Regel dar und beschreiben Sie allgemein die zugrunde liegenden Beziehungen zwischen den Populationen.
Geben Sie die Bedingungen an, unter denen die beiden Regeln zutreffen. (16 Punkte)

III.2 Beurteilen Sie unter Auswertung der Materialien B und C, ob eine Lotka-Volterra-Beziehung zwischen der Elster und den 3 Singvogelarten vorliegt.
Entwickeln Sie Hypothesen über die Faktoren, die den Kurvenverläufen der Populationsdichten von Elster und den 3 Singvogelarten zu Grunde liegen. (20 Punkte)

III.3 Stellen Sie die Positionen der Jäger und die der Naturschützer dar (Material A). Nehmen Sie zu den jeweiligen Meinungen vor dem Hintergrund der populationsdynamischen Prozesse Stellung und begründen Sie Ihre eigene Position. (18 Punkte)

Material A: Der Rabenvogelstreit

Seit fast 20 Jahren wird in Deutschland ein Streit um die Bejagung der Rabenvögel (wie z. B. Rabenkrähe und Elster) ausgetragen. Besonders die Elster, eine Art, die eher in Ortschaften als in der freien Landschaft zu finden ist, gerät mit ihrem auffälligen Verhalten in den Gärten oft in das Blickfeld der menschlichen Beobachter und wird für Ei- und Nestlingsverluste bei Singvögelgelegen verantwortlich gemacht. Auf der einen Seite plädieren daher viele Jäger für die möglichst weitgehende Freigabe der Jagd. Die Hauptbegründung, mit der auch von staatlicher Seite immer wieder eine Bejagung ermöglicht wird, lautet: Die Bejagung im Sinne einer Regulation erfolgt zum Schutz von Kleinsäugern (Mäuse, Hamster, …), von Niederwild (u. a. Hase, Fasan, Rebhuhn) und der kleineren Singvögel (z. B. Blaumeise, Mönchsgrasmücke, Heckenbraunelle, …). Denn die zunehmenden Populationen von Rabenkrähe und Elster dezimieren – so die Argumentation – in beträchtlichem Ausmaß die Singvogelbestände und das die Jäger besonders interessierende Niederwild.
Auf der anderen Seite stehen Naturschützer, die sich aus ökologischen Gründen relativ geschlossen gegen eine Bejagung aussprechen und den Blick auf die Bedeutung dieser Arten im Naturkreislauf lenken.

Material B: Entwicklung der Populationsdichten von Elster und kleinen Singvogelarten auf ausgewählten Flächen in Osnabrück als Beispielzahlen für ähnliche Entwicklungen in anderen Regionen

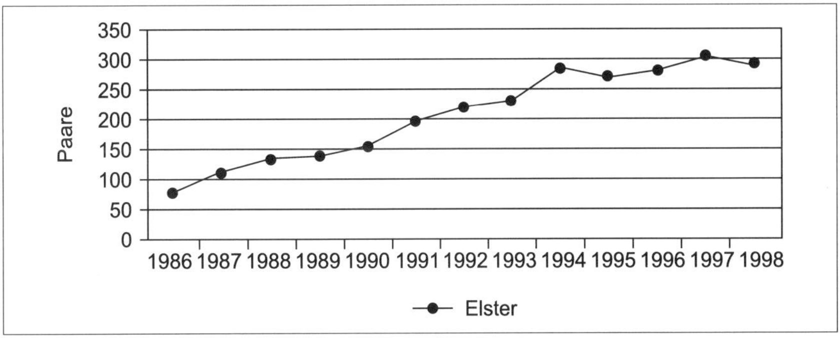

Abb. 1: Entwicklung der Populationsdichte der Elster. Die Bejagung der Elster wurde Ende 1989 eingestellt, zu Beginn des Jahres 1997 wieder aufgenommen.

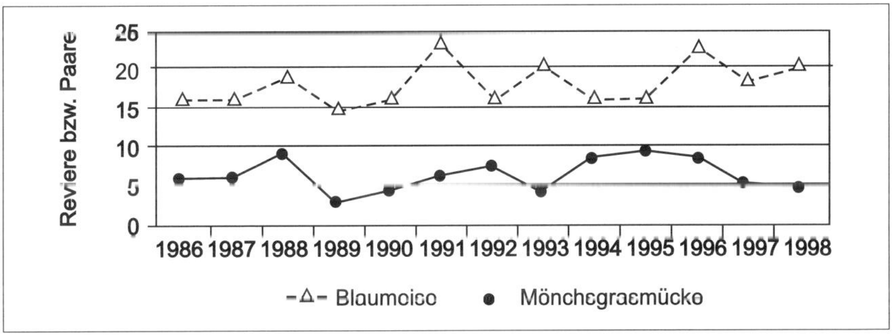

Abb. 2: Entwicklung der Populationsdichte von Blaumeise und Mönchsgrasmücke.

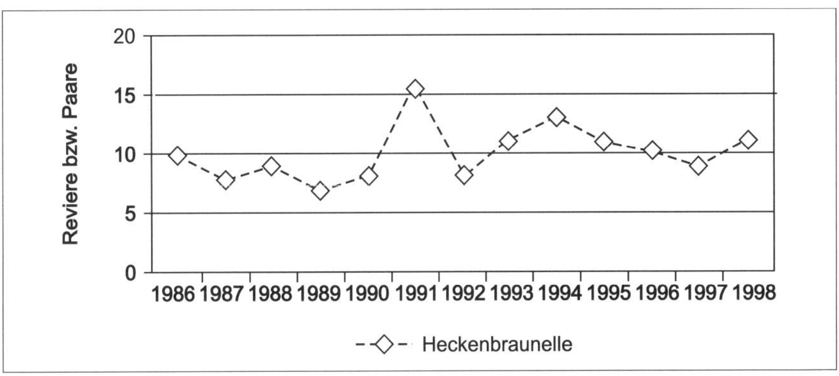

Abb. 3: Entwicklung der Populationsdichte der Heckenbraunelle.

Material C: Nahrung der Elster und der kleinen Singvogelarten

Nahrungskomponente	Trockengewichtsanteil in Prozent
Regenwürmer	10,1
Spinnen, Asseln, Schnecken	1,4
Insekten	17,8
Singvögel	7,6
Mäuse	7,1
Fisch	0,9
Pflanzliches	20,6
Haushaltsabfall	34,5

Tabelle: Zusammensetzung der Nestlingsnahrung der Elster, die etwa auch der Sommernahrung der erwachsenen Tiere entspricht. Im Winter steht bei der erwachsenen Elster pflanzliche Nahrung noch deutlich stärker im Vordergrund.

verändert nach: Blotzheim, G. v.; U. N. (Hrsg.) (2001): Handbuch der Vögel Mitteleuropas. Band 13-III, Passeriformes (4. Teil). eBook-Lizenzausgabe. Vogelzug-Verlag, Wiebelsheim

Informationstext: Nahrung der kleinen Singvogelarten

Blaumeise, Mönchsgrasmücke und Heckenbraunelle ernähren sich im Sommerhalbjahr vorwiegend von Insekten und Spinnen, im Winterhalbjahr auch pflanzlich von Beeren und Samen.

Durch Besetzen unterschiedlicher ökologischer Nischen liegt zwischen den 3 Singvogelarten keine Nahrungskonkurrenz vor.

weitere Materialgrundlage:

Bezzel, E. (1993): Kompendium der Vögel Mitteleuropas. Passeres. Singvögel. Aula, Wiesbaden

Härtel, H. & Nottmeyer-Linden, K. (1991): Die verfemten Schwarzröcke. Natur verstehen – Natur erhalten. Westfalen Verlag, Bielefeld

Kooiker, G. & Buckow, C. V. (1999): Die Elster – ein Rabenvogel im Visier. Sammlung Vogelkunde. Aula, Wiesbaden

http://www.oejv.org/modules.php?name=News&file=print&sid=49

Lösungsvorschlag

In der Aufgabe thematisierte Unterrichtsinhalte sind:
Ökologische Verflechtungen und nachhaltige Nutzung: Wechselbeziehungen, Populationsdynamik, Verflechtungen in Lebensgemeinschaften, nachhaltige Nutzung und Erhaltung von Ökosystemen

III.1 *Eine Beschreibung der LOTKA-VOLTERRA-Regeln sollte unbedingt mit einem einleitenden Satz beginnen, der den Gesamtzusammenhang verdeutlicht. Des Weiteren sollten Sie nicht vergessen, dass diese Regeln nur eine eingeschränkte Gültigkeit besitzen.* ***Alle*** *Umweltfaktoren werden bei der jeweils betrachteten Räuber-Beute-Beziehung außer Acht gelassen.*

Die LOTKA-VOLTERRA-Regeln sind grundlegende Beschreibungen zur Populationsdynamik zweier Arten, die zueinander in einem Räuber-Beute-Verhältnis stehen. Sie gehen von konstant bleibenden äußeren Bedingungen aus. Ihre Gültigkeit ist davon abhängig, dass sich in einer Räuber-Beute-Beziehung der betrachtete Räuber nur von diesem einen Beutetier ernährt. Umgekehrt stellt der Räuber den einzigen Fressfeind der betrachteten Beuteart dar, die ihrerseits eine konstante Geburtenrate aufweist. Weitere Grundannahmen sind, dass die Beutetiere in geschützten Bereichen ihrer heterogenen Umwelt überleben können, damit sie von ihrem Räuber nicht komplett dezimiert werden. Die erste der LOTKA-VOLTERRA-Regeln wird auch „Gesetz des periodischen Zyklus" genannt. Sie besagt, dass immer dann, wenn sich eine Art (Räuber) von einer anderen Art (Beute) ernährt, sich für die Maxima beider Populationen phasisch gegeneinander verschobene Häufigkeitskurven ergeben. Das Maximum des Räubers folgt auf das seiner Beute. Regel zwei („Gesetz von der Erhaltung der Mittelwerte") beschreibt die Tatsache, dass die Häufigkeiten sowohl des Räubers als auch die seiner Beute jeweils um einen konstanten Mittelwert schwanken. Die Wechselbeziehung ist damit zu erklären, dass ein erhöhtes Angebot an Beutetieren zu einem höheren Jagderfolg der Räuber führt. Die Räuberpopulation steigt an, die der Beute nimmt ab. Als direkte Folge wird – aufgrund von Nahrungsmangel – auch die Räuberpopulation schrumpfen. Da die Beutetiere von weniger Räubern gejagt werden, kann ihre Populationszahl erneut ansteigen. Ein wieder erhöhtes Angebot an Beute, wirkt sich erneut populationssteigernd auf die Räuberart aus und so fort.

III.2 *Um die verlangte Auswertung zu bewerkstelligen, ist es erforderlich, dass Sie in den Grundzügen auf die vorgegebenen Diagramme eingehen. Dieses braucht aber nicht so weit zu gehen, dass die Zahlenwerte jedes der vier Diagramme in „epischer Breite" dargelegt werden. Eine Beschränkung auf das Wesentliche (einige charakteristische Zahlenwerte für die Elsternpopulation – Darlegung der Mittelwerte bei den kleinen Singvogelarten) genügt völlig. Ausgehend von diesen Darstellungen lassen sich dann begründete Hypothesen formulieren.*

In den drei Diagrammen ist jeweils die Populationsdichte der Elster, von Blaumeise und Mönchsgrasmücke, sowie der Heckenbraunelle in den Jahren 1986 bis 1998 dargestellt. Auf der Ordinate (y-Achse) ist die Anzahl der Reviere bzw. der Paare angegeben – bei der Elster nur die der Paare. Die Abszisse (x-Achse) gibt den Zeitraum in Ein-Jahres-Intervallen an. Bei der auf ausgewählten Flächen im Raum Osnabrück ermittelten Elsterpopulation fällt auf, dass vom Beginn des Beobachtungszeitraums (1986) bis zum Jahr 1994 ein stetiger Anstieg (von 75 bis zu 280 Paaren) zu erkennen ist. Dabei scheint die Bejagung der Tiere (von 1986 bis 1989) keinen Einfluss auf die Populationsgröße zu haben. Trotz eines minimalen Einbruchs in den Individuenzahl im Jahr 1995 stieg die Anzahl der Paare danach erneut bis auf 300 an, um 1998 abermals geringfügig abzunehmen. Ob dies auf die ab 1997 wieder erfolgte Bejagung zurückzuführen ist, kann aus dem vorliegenden Zahlenmaterial nicht erschlossen werden. Aus der Tatsache, dass ab dem Jahr 1994 die Anzahl der Elster-Paare nicht mehr so deutlich zunimmt wie in den Jahren zuvor, kann davon ausgegangen werden, dass die Population (bei knapp 300 Paaren) in diesem Biotop eine Sättigung erreicht hat. Anders verhält es sich mit den im gleichen Areal ermittelten Populationszahlen der kleineren Singvogelarten. Sowohl bei der Blaumeise, als auch bei der Mönchsgrasmücke und der Heckenbraunelle schwanken die Populationszahlen zwischen 1986 und 1998 jeweils um einen konstanten Mittelwert. Bei der Blaumeise liegt dieser zwischen 15 und 20, bei der Mönchengrasmücke bei ca. 6 und für die Heckenbraunelle kann der Wert (trotz einer Abweichung von über 15 im Jahr 1991) mit ca. 10 Revieren bzw. Paaren pro Jahr angegeben werden.
Die Frage ob eine LOTKA-VOLTERRA-Beziehung zwischen der Elster und den drei angegebenen kleinen Singvogelarten besteht, kann eindeutig verneint werden. Mehrere Gründe sprechen dagegen. Besonders im Hinblick auf das breit gestreute Nahrungsspektrum der Elstern ist klar ersichtlich, dass sich die Tiere im Sommer lediglich zu 7,6 % von Singvögeln ernähren. Im Winter ist das Zahlenverhältnis noch geringer, weil zu dieser Jahreszeit der Anteil pflanzlicher Nahrung bei den Elstern zunimmt. Des Weiteren kann aus Material B gefolgert werden, dass die periodischen Schwankungen in der Populationszahl von Blaumeise, Mönchsgrasmücke und Heckenbraunelle nicht auf die Elstern zurückgeführt werden können. Der kontinuierliche Anstieg der Elsternpopulation hat keine Auswirkungen auf die Populationen der untersuchten kleinen Singvogelarten, da ihre Individuenzahl – auf den Durchschnitt der betrachteten 12 Jahre gesehen – konstant geblieben ist.
Als mögliche Erklärungsansätze für die Kurvenverläufe der Populationsdichte bei den betrachteten Vogelarten, können folgende hypothetischen Überlegungen dienen. Im Nahrungsspektrum der Elster nimmt der „Haushaltsabfall" den mit Abstand größten Anteil ein. Elstern leben im offenen Kulturland und in Gärten, d. h. in direkter Gesellschaft und unmittelbarer Umgebung des Menschen. Dadurch ergeben sich für die Rabenvögel gute bis sehr gute Nahrungsbedingungen, die entscheidend zur Steigerung der Populationszahl beigetragen haben dürften. Ein weiterer Grund könnte sich aus der Populationsdynamik der

Elstern ergeben. Auch dichteabhängige Faktoren beeinflussten möglicherweise die Populationsgröße der Elstern im vorgegebenen Raum Mitte der 90er-Jahre. Hier wäre zum einen die Erschöpfung des vorhandenen Nahrungsangebots zu nennen. Zum anderen wäre es möglich, dass der zur Verfügung stehende Lebensraum durch die Brutpaare vollkommen ausgenutzt wurde und keine weiteren Tiere in dieser ökologischen Nische ein neues Revier besetzen konnten. Für die drei kleineren Singvogelarten gilt, dass sich vermutlich ebenfalls dichteabhängige Faktoren ausgewirkt haben. Zu nennen wären neben möglicherweise veränderten Nahrungsgrundlagen auch aufgetretenen Witterungseinflüssen, welche die zu beobachtenden Schwankungen in der Anzahl der Reviere bzw. Paare mit verursacht haben könnten. Gegenseitig Beeinträchtigung kann als Begründung für die existierenden Schwankungen auf jeden Fall ausgeschlossen werden, da Heckenbraunelle, Blaumeise und Mönchsgrasmücke jeweils unterschiedliche ökologische Nische besetzt haben und sich somit keine (Nahrungs-)Konkurrenz machen (siehe Informationstext Material C).

III.3 *Denken Sie bitte bei der Bearbeitung der Teilaufgabe daran, dass Sie hier zunächst zu einer Darstellung aufgefordert sind. Dieser Operator verlangt von Ihnen, den im Material A dargelegten Sachverhalt strukturiert wiederzugeben und kein einseitiges „flammendes Plädoyer“ zu halten. Ihre eigene Meinung können Sie in der anschließenden Stellungnahme begründet darlegen. Hier müssen Sie sich für eine der beiden Positionen entscheiden. Diese Teilaufgabe bietet darüber hinaus auch die Möglichkeit, Versuchskritik zu üben.*

Der Rabenvogelstreit, d. h. die Frage, ob Rabenvögel wie Elstern oder Rabenkrähen bejagt werden sollen, wird von Jägern auf der einen und Naturschützern auf der anderen Seite unterschiedlich beurteilt. Jäger plädieren für eine „möglichst weitgehende Freigabe“ der Jagd. Bejagung bedeutet für sie Regulation des Rabenvogelbestandes, um Kleinsäugetiere, Niederwild und kleinere Singvögel zu schützen, da durch Rabenkrähe und Elster der Bestand an kleineren Singvögeln und der Niederwildbestand, der für Jäger von besonderem (Jagd-) Interesse ist, dezimiert werde. Dem gegenüber sind die Naturschützer der Auffassung, dass ökologische Gründe gegen eine Bejagung sprechen. In ihren Augen bleibt der biologische Konnex, das Zusammenwirken und Zusammenspiel der betrachteten Arten im Naturkreislauf, hier unberücksichtigt.

Stellungnahme für eine Bejagung:
Die verfügbaren Daten, auf denen eine Ablehnung der Bejagung von Rabenvögeln basiert, verdeutlichen nur einen Ausschnitt innerhalb des vorliegenden komplexen Nahrungsnetzes. Andere Wechselbeziehungen, in die Rabenvögel mit eingebunden sind, werden nicht berücksichtigt. Zudem reichen die Zahlenwerte für eine endgültige Beurteilung der Situation nicht aus, da die Daten der Jahre ab 1998 (die Zahlenwerte des letzten Jahrzehnts) fehlen. Die weitere Entwicklung der Populationen bleibt damit unbekannt. Jegliche Hinweise darauf, wie sich die erfolgte Bejagung in den Jahren nach 1998 ausgewirkt hat, fehlen völlig. Damit kann die Rolle des Jägers in seiner regulativen Funktion nicht

hinreichend genug gewürdigt und ein generelles Ablehnen der Bejagung von Rabenvögeln nicht begründet werden.

Stellungnahme gegen eine Bejagung:
Das in der Aufgabe vorgelegte Untersuchungsmaterial B Abbildung 1 zeigt eindeutig, dass eine Bejagung der Elstern bis 1989 auf deren Population keinen regulativen Einfluss hatte. Ebenso eindeutig zeigen Abbildung 2 und 3 aus Material B, dass die Populationen der betrachteten Singvogelarten – unabhängig von der Größe der Elsternpopulation – sich um einen Mittelwert bewegen, welcher von der Zunahme der Elsternpaare nicht beeinflusst wird. Bereits aus diesen beiden Gründen ist eine Bejagung der Rabenvögel abzulehnen. In ökologischer Hinsicht kann eine Bejagung der Elstern auch zu dem unerwünschten Effekt führen, dass die Rabenvögel ihre Funktion als Vertilger von Mäusen und Abfallfresser innerhalb eines komplexen Nahrungsnetzes nicht mehr wahrnehmen können. Hinzu kommt noch ein weiteres ökologisches Faktum. Immer dann, wenn einem Räuber zusätzlich ein breites Spektrum an Nahrungsquellen zu Verfügung steht, wird eine **potenzielle** Beute im Regelfall nicht deutlich vermindert. Dies ist hier eindeutig der Fall, wodurch eine Bejagung der Elstern nicht nötig wird.

Grundkurs Biologie (NRW) – Abitur-Prüfung 2008
Aufgabe 1: Evolution

Aufgabenstellung:

Thema: ***Homo floresiensis*** **– der Zwerg von Flores**

I.1 Beschreiben Sie die Materialien B und C und werten Sie diese im Hinblick auf die Trends der Hominidenentwicklung aus. (12 Punkte)

I.2 Fassen Sie die Informationen über *Homo floresiensis* (Material A einschließlich der Abbildungen und Material B) übersichtlich zusammen und erklären Sie, warum *Homo floresiensis* als „der extremste Hominide, der je gefunden wurde" bezeichnet wird. (18 Punkte)

I.3 Nennen Sie Kriterien, die bei der Erstellung von Stammbäumen berücksichtigt werden, und erläutern Sie den Stammbaum in Material D hinsichtlich seines Informationsgehaltes.
Entwickeln Sie unter Berücksichtigung aller Materialien (A–E) eine Hypothese zur Einordnung von *Homo floresiensis* in diesen Stammbaum und zeichnen Sie die zum Fund gehörige Entwicklungslinie in den Stammbaum ein.
Erläutern Sie an diesem Beispiel die Schwierigkeiten bei der Einordnung neuer Funde in bestehende Hominidenstammbäume. (24 Punkte)

Material A: „Unser Vetter Zwerg"

Auf der indonesischen Insel Flores wurden im Jahr 2003 Fossilien des sogenannten *Homo floresiensis* gefunden. Bis heute ist die Einordnung des *Homo floresiensis* umstritten.
Thomas Häusler beschreibt in der Wochenzeitung „Die Zeit" vom 28. 10. 2004 im Zusammenhang mit aktuellen Hominidenfunden auf der Insel Flores – einer isolierten Insel in der Inselkette Indonesiens – ein hypothetisches Szenario, als *Homo sapiens* vor 50 000 Jahren die Insel erreichte: „Die Fahrt über die Meere auf wackligen Flößen war ein riskantes Unterfangen. Als erste Trupps der Gattung *Homo sapiens* in Richtung Australien aufbrachen, waren sie froh, auf den indonesischen Inseln Zwischenstopps einlegen zu können. Sollten die seefahrenden Steinzeitler auch das Eiland Flores auf ihrer Welteroberungstour angesteuert haben, hat sich ihnen ein bizarres Bild geboten: Zwergmenschen, kaum metergroß, jagten auf den bewaldeten Hängen Miniaturelefanten hinterher. Jetzt gibt es archäologische Kunde von diesem Vorzeit-Liliput. In einer Höhle im Inselinnern, 25 Kilometer von der floresischen Küste entfernt, stießen Forscher auf Skelette. „Dies ist einer der außergewöhnlichsten Funde der vergangenen 50 Jahre in der Paläoanthropologie", kommentierte der Brite Robert Foley in Nature. „Es ist der extremste Hominide, der je gefunden wurde." […]

Die Analysen aller Reste, die Browns Team sorgfältig aus dem Sediment der 40 Meter tiefen Grotte von Liang Bua geklaubt hat, erlauben den Wissenschaftlern sogar, ein grobes Bild des Lebens von *Homo floresiensis* zu skizzieren. Das Zwergenvolk jagte in Gruppen junge *Stegodons*, eine Art Urelefant. Auch die Tiere scheinen dem Schrumpfzauber der Insel erlegen zu sein. Die *Stegodon*-Knochen in Liang Bua stammen allesamt von Zwergformen. Verkohlte Reste zeigen an, das *Homo floresiensis* die Elefantensteaks am Lagerfeuer briet. Mindestens 80 000 Jahre währte das Idyll; die ältesten gefundenen Überreste des Flores-Menschen sind 90 000 Jahre alt, die jüngsten nur 12 000.

Der rätselhalfte Beifund in Liang Bua allerdings sind die zahlreichen Steinklingen. „Sie sind weiter entwickelt als jene von *Homo erectus*; ja fast schon wie die von *Homo sapiens*", staunt der Anthropologe Schmid. […]"

aus: Die Zeit, Ausgabe 45, 2004 vom 28.10.2004: „Unser Vetter Zwerg" von Thomas Häusler

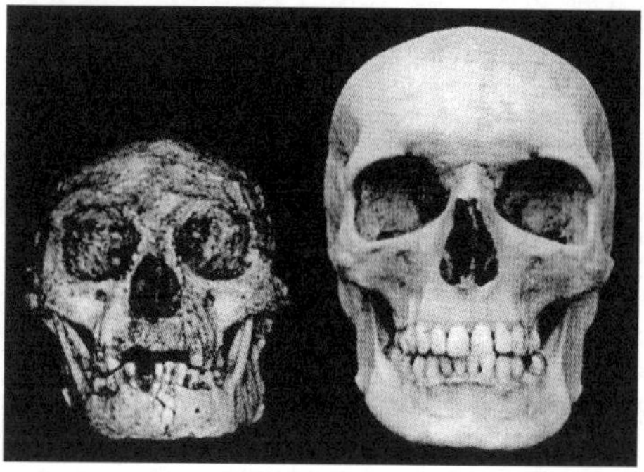

Abb. 1: Schädel von *„Homo floresiensis"* (links) und *Homo sapiens* (rechts)

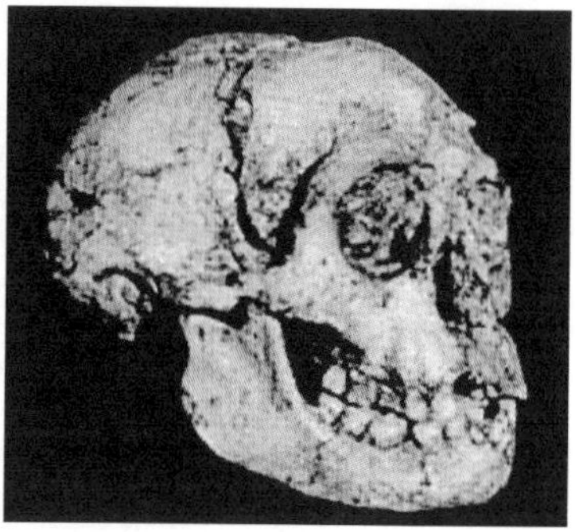

Abb. 2: Schädel von *„Homo floresiensis"*

aus: Peter Brown et. al.: A new small-bodied hominin from the Late Pleistocene of Flores, Indonesia. Nature Heft 431, 2004, S. 1055–1061

Material B: Daten zur Hominidenentwicklung

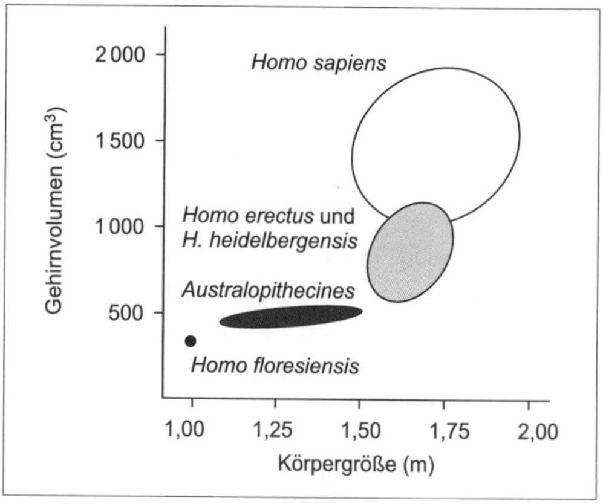

Abb. 3: Gehirnvolumen und Körpergröße von *Homo sapiens*, *Homo erectus* und *Homo heidelbergensis* sowie *Homo floresiensis* und von Vertretern aus der Gruppe der *Australopithecines* (z. B. *Australopithecus afarensis*)

aus: Peter Brown et. al.: A new small-bodied hominin from the Late Pleistocene of Flores, Indonesia. Nature Heft 431, 2004, S. 1055–1061

Name	*Australopithecus afarensis*	*Homo ergaster*	*Homo erectus*	*Homo heidelbergensis*	*Homo sapiens*
Alter	3,8 bis 2,9 Mio Jahre	1,8 bis 1,4 Mio Jahre	1,5 Mio bis 40 000 (?) Jahre	600 000 bis 200 000 Jahre	seit 150 000 Jahren
Kultur	keine Werkzeugfunde	Faustkeile, erste Hinweise auf Feuerbenutzung	einfache Steinwerkzeuge, keine Faustkeile, Feuerbenutzung	„Faustkeilindustrie", Feuer, erste Zelte	komplexe Werkzeuge, Religion, Kunst, Wissenschaft

Tab. 1: Name, Alter und Kultur verschiedener Menschenformen

Material C: Schädelskizzen von Schimpansen und verschiedenen Menschenformen

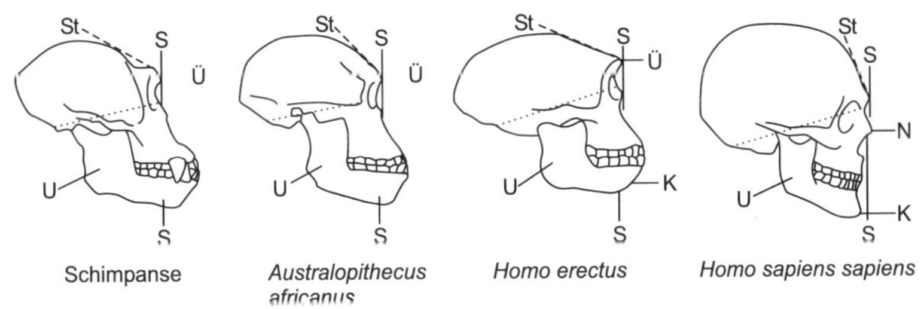

Abb. 4: Schädelskizzen von Schimpanse, *Australopithecus afarensis*, *Homo erectus* und *Homo sapiens sapiens*. Die punktierte Linie deutet an, dass alle Schädel in einer vergleichbaren Haltung dargestellt sind, die mit S bezeichnete Linie stellt eine Senkrechte dar, alle übrigen Linien weisen auf bestimmte Merkmale hin. Die unterschiedliche Größe der Schädel ist in der Abbildung nicht berücksichtigt.

aus: Schmidt, Hubert: Materialien zur Fossilgeschichte des Menschen. Aulis Verlag Deubner Köln, 1979

Material D: Hominidenstammbaum

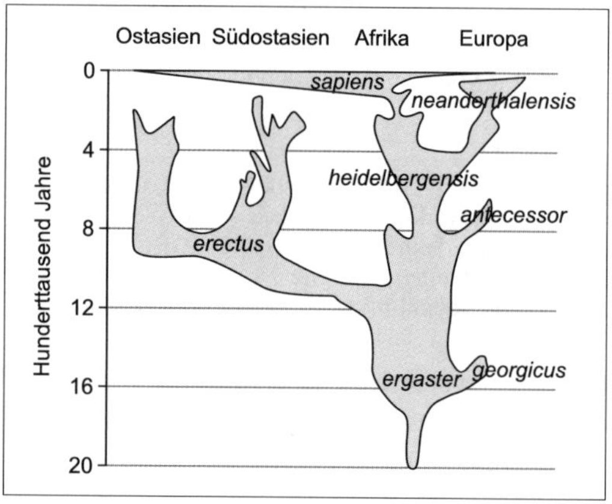

Abb. 5: Stammbaumentwurf *(Homo ergaster, Homo georgicus, Homo erectus, Homo antecessor, Homo heidelbergensis, Homo neanderthalensis, Homo sapiens)*

aus: Peter Brown et. al.: A new small-bodied hominin from the Late Pleistocene of Flores, Indonesia. Nature Heft 431, 2004, S. 1055–1061

Material E: Ausbreitung von *Homo sapiens*

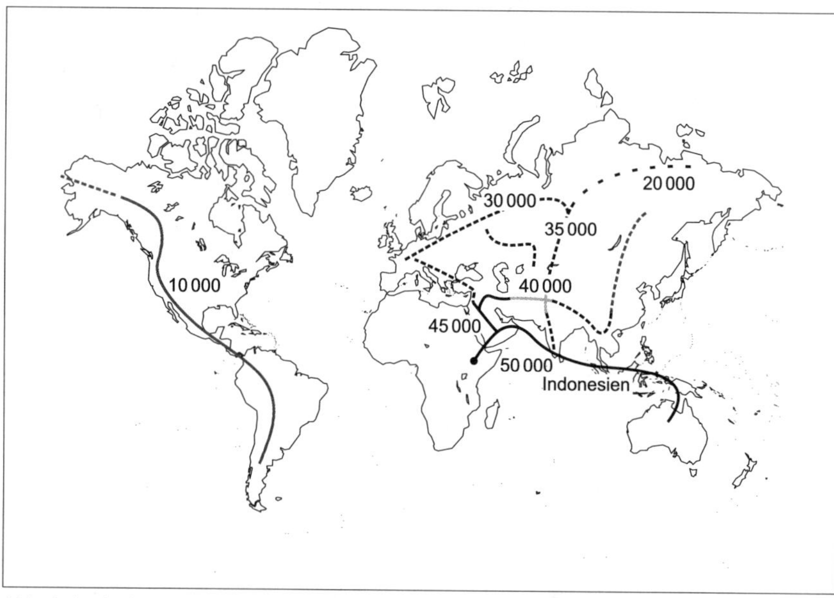

Abb. 6: Ausbreitung des modernen Menschen *(Homo sapiens)* über die Welt. Die Linien und Zahlen geben den Zeitraum der Ausbreitung an, die Zahlen bedeuten Jahre vor unserer Zeit. (Die Karte stellt die heutige Verteilung der Landmassen und der Meere dar; zur Zeit der Wanderungen war diese anders, so bestand eine Landbrücke zwischen Sibirien und Alaska).

Lösungsvorschlag

In der Aufgabe thematisierte Unterrichtsinhalte sind:
Grundlagen evolutiver Veränderungen (genotypische Variabilität von Populationen), Evolutionshinweise und Evolutionstheorie (grundlegende Zusammenhänge bei der phylogenetischen Stellung der Primaten), transspezifische Evolution der Primaten (fossile und rezente Hinweise zur Evolution des Menschen)

I.1 *Die von Ihnen zu leistende Bearbeitung muss zweierlei sicherstellen. In einem ersten Schritt sollten Sie alle in den Materialen B und C verfügbaren Informationen auf einem Blatt Konzeptpapier herausarbeiten und diese einzeln für die jeweiligen Hominiden zusammenfassen. Im zweiten Schritt ist dann eine Auswertung im Hinblick auf die Trends der Hominidenentwicklung fundiert möglich. Um einem Schätzen von Zahlenwerten in Abbildung 3 vorzubeugen ist es ratsam, weitere Hilfslinien parallel zu Abszisse (x-Achse) und Ordinate (y-Achse) in das Diagramm einzuziehen. Diese erleichtern es Ihnen, die Zahlenwerte für Gehirnvolumen und Körpergröße zu ermitteln. Bei Material C bietet es sich an, Beschreibung und Auswertung in Teilen zusammenzuziehen.*

Aus Abbildung 3 und der Tabelle 1 in Material B ist eine klare Tendenz in Bezug auf die Weiter- und Höherentwicklung der Hominiden zu erkennen. Diese betrifft zum einen Gehirnvolumen und Körpergröße und zum anderen die kulturellen Leistungen der jeweils betrachteten Lebewesen. Abbildung 3 liefert Daten zum Gehirnvolumen und der Körpergröße einzelner Hominiden, wobei auf der Ordinate (y-Achse) das Gehirnvolumen in cm^3 und auf der Abszisse (x-Achse) die Körpergröße in m angegeben wird. *Homo floresiensis* ist in puncto Körpergröße von bis zu einem Meter und einem Gehirnvolumen von ca. 350 cm^3 der kleinste Vertreter der dargestellten Hominiden. Die *Australopithecinen* mit einer Körpergröße von ca. 1,1–1,5 m besitzen ein Gehirn, das ein Volumen um die 500 cm^3 aufweist. Deutlich größer in Gestalt und Gehirnausdehnung ist die *Homo ergaster/erectus/heidelbergensis*-Gruppe (1,55–1,80 m bei 600–1 150 cm^3). Das größte Gehirnvolumen weist mit 1 050–1.950 cm^3 eindeutig *Homo sapiens* auf. Mit Körpergrößen zwischen ca. 1,45–1,95 m ist er auch der größte Vertreter der dargestellten Hominiden. Bei der zeitlichen Aufeinanderfolge von *Australopithecinen*, *Homo ergaster/erectus/heidelbergensis*-Gruppe und *Homo sapiens* spiegelt jeder jüngere Vertreter dieser Menschenformen eine Weiterentwicklung seiner kulturellen Fähigkeiten wider. Während von den *Australopithecinen* keine Werkzeugfunde vorliegen, ist vom *Homo ergaster* über den *Homo erectus* bis zum *Homo heidelbergensis* sowohl eine Verfeinerung als auch eine Vermehrung der verwendeten Werkzeuge durch Fossilfunde belegt. Stellte *Homo ergaster* noch einfache Faustkeile her und benutzte vermutlich auch das Feuer, so sind bei *Homo erectus* zwar keine Faustkeile überliefert, dafür aber einfache Steinwerkzeuge und die Verwendung des Feuers. Der entwicklungsgeschichtlich noch jüngere *Homo heidelbergensis* betrieb eine regelrechte „Faustkeilindustrie", verwendete das Feuer und baute erste Zelte.

Der jüngste Vertreter der Hominidengruppe, der *Homo sapiens*, zeichnet sich gegenüber allen früheren Hominidenformen durch die Anfertigung und den Gebrauch komplexer Werkzeuge sowie die Entwicklung von Religion, Kunst und Wissenschaft aus. Insgesamt kann man bei vergleichender Bewertung des Materials der einzelnen Hominidengruppen zu dem Schluss kommen, dass mit der Größenzunahme und der Vermehrung des Gehirnvolumens (was auf eine zunehmend komplexere Struktur des Gehirns rückschließen lässt) gleichzeitig eine Zunahme der Leistungen auf kulturellem Gebiet stattgefunden hat. Auch ein Blick auf die Schädelskizzen in Material C zeigt – ausgehend vom Schimpansen über den *Australopithecus africanus*, den *Homo erectus* bis hin zum *Homo sapiens sapiens*, dem Jetztzeitmenschen – bei mehreren Schädelmerkmalen eine eindeutige Entwicklungsrichtung. Besonders deutlich erkennt man die Größenzunahme des Gehirnschädels. Parallel hierzu ist eine Rückbildung der Knochenwülste über den Augen zu beobachten, die mit der Ausformung einer Stirn einhergeht. Die Rückbildung der Schnauzenpartie, die beim *Homo sapiens sapiens* fehlt, läuft parallel zur Ausbildung einer Kinnpartie. Insgesamt wird auch der Gebissschädel erkennbar verkleinert. Diese letzte Veränderung muss auch im Zusammenhang mit der Ausbildung anderer Ess- und Ernährungsgewohnheiten gesehen und gedeutet werden, wobei die Zähne des Gebisses ebenso als spezifische Werkzeuge eingesetzt werden konnten.

I.2 *Um eine Übersichtlichkeit bei der Bearbeitung dieser Teilaufgabe zu gewährleisten, ist es sinnvoll, die Zusammenfassung in zwei Schritten darzustellen. Zunächst sollten Sie die Informationen des Textes in Material A zusammen mit den Daten zu Homo floresiensis aus Material B darstellen. Im sich anschließenden Bearbeitungsschritt können dann die Bildinformationen der Abbildungen aus Material A dargelegt werden. Danach sollte sich dann – gestützt auf die zuvor dargelegten Sachverhalte – die Erläuterung der besonderen Merkmalskombination bei Homo floresiensis anschließen.*

Die vorliegenden Textinformationen und Daten zu Gehirnvolumen und Körpergröße von *Homo floresiensis* lassen erkennen, dass es sich bei diesem Hominiden in mehrerlei Hinsicht um einen sehr ungewöhnlichen Vertreter handelt. Der von 90 000 bis 12 000 v. Chr. auf der indonesischen Insel Flores lebende *Homo floresiensis* war „kaum metergroß" und damit der kleinste Hominidenvertreter. Sein Gehirnvolumen betrug gerade einmal um die 350 cm^3. Seine Jagdweise war die des in Gruppen jagenden Treibjägers, dessen Beute kleine Urelefanten darstellten. Der Zwerg von Flores beherrschte bereits das Feuer und nutzte es zur Nahrungszubereitung. Die von ihm angefertigten Steinwerkzeuge waren sehr weit entwickelt, „fast schon wie die von *Homo sapiens*". Die beiden Abbildungen des Schädels von *Homo floresiensis* zeigen keine ausgeprägten Wülste über den Augenpartien. Der Gehirnschädel ist – entsprechend des geringen Gehirnvolumens – kleiner als bei den übrigen Hominiden. Zieht man die Verhältnisse bei *Homo sapiens* als Vergleich heran, so sind sowohl die Kinnpartie als auch die Stirn des Zwerges von Flores nicht so stark ausgebildet.

Folgende Belege sprechen dafür, dass *Homo floresiensis* „der extremste Hominide [ist], der je gefunden wurde": Körperbau und Gehirnentwicklung stehen, in Verbindung mit den kulturellen Leistungen dieser Lebewesen gesehen, nicht im Einklang mit den bisher bei Hominiden beobachteten Merkmalskombinationen. Komplexe soziale Fähigkeit, wie die Treibjagd in einer Gruppe, und die Fähigkeit, das Feuer gezielt zu erzeugen und zu nutzen, sind bei einem derart geringen Gehirnvolumen eher erstaunlich und eigentlich frühestens bei *Homo erectus* bzw. bei *Homo heidelbergensis* zu erwarten. In Bezug auf den Gebrauch und die Herstellung von Werkzeugen in Form von hoch entwickelten Steinklingen kommt der Zwerg von Flores bereits den Fähigkeiten des deutlich höher entwickelten *Homo sapiens* sehr nahe. Aber selbst dann, wenn man sich lediglich auf die anatomischen Merkmale Gehirnvolumen und Körpergröße bezieht, so ist diese Kombination – wenn überhaupt – eher für *Australopithecinen* typisch als für den *Homo floresiensis.* Dies ist aber aufgrund der eindeutigen Datierung der beiden Vertreter (*Australopithecus afarensis* 3,8–2,9 Millionen Jahre / *Homo floresiensis* 90 000–12 000 Jahre v. Chr.) nicht möglich. Andererseits kann festhalten werden, dass in anatomischer Hinsicht (beim Verhältnis von Schädelvolumen zu Körpergröße) der Zwerg von Flores insgesamt besser entwickelt war als die *Australopithecinen.*

I.3 *Zunächst sollten Sie generell Aussagen zu den Kriterien machen, die beim Erstellen von Stammbäumen berücksichtigt werden können bzw. müssen. Für die Bearbeitung des Materials D gilt Gleiches wie bei Teilaufgabe 2. Ziehen Sie Hilfslinien in das Diagramm ein, damit Sie die geforderte Erläuterung leichter bewerkstelligen können. Bei Ihrer anschließenden Argumentation sollten Sie sich auch auf bereits erarbeitete Sachverhalte der vorangegangenen beiden Teilaufgaben explizit beziehen. So können Sie eine nochmalige Darlegung bereits erläuterter Sachverhalte vermeiden und gleichzeitig trotzdem alle möglichen Punkte für die Bearbeitung erhalten. Auch bei der Erläuterung der Schwierigkeiten, neue Fossilfunde in den Hominidenstammbaum einzufügen, ist es ratsam, generelle Ausführungen neben den konkret auf das Beispiel bezogenen Aussagen zu machen.*

Die Erstellung von Stammbäumen muss im Normalfall, falls es sich nicht um spekulative Überlegungen handeln soll, von Fossilfunden ausgehen. Die vorliegenden versteinerten Skelettteile können dann unter anthropologischen Gesichtspunkten untersucht und eingeordnet werden. Hierbei steht an erster Stelle eine genaue anatomisch-morphologische Begutachtung. Dabei müssen divergierende Merkmale zu anderen Fossilfunden herausgearbeitet werden. Physikalische und geologische Untersuchungen zur Altersbestimmung und zum Fundort bilden zwei weitere entscheidende Kriterien bei einer stammesgeschichtlichen Einordnung von Fossilien. Falls DNA-haltiges Material zur Verfügung steht, kann dies auch entscheidende Hinweise für die Stammbaumerstellung liefern. Hinzu kommt als weiteres Kriterium das „Umfeld", in welchem die Funde gemacht wurden. Anhaltspunkte für kulturelle Aktivitäten wie Werkzeugherstellung und -gebrauch, Feuerstellen, Knochenfunde von erlegten und verzehrten Tieren helfen ebenso bei einer Einordnung wie ggf. erkennbare Bestattungsriten.

Der in Material 5 vorgegebene Stammbaumentwurf verdeutlicht das zeitliche Auftreten und die räumliche Verbreitung von sieben Hominiden. Mit seinem Ursprung vor 2 Millionen Jahren in Afrika bildet der *Homo ergaster* die Basis dieses Stammbaums. Von ihm spaltet sich vor 1,6 Millionen Jahren mit seinem Ausläufer in Europa der kurzlebige *Homo georgicus* ab (ausgestorben vor ca. 14,5 Millionen Jahren). Aus dem Stammbereich des *Homo ergaster* zweigt um 1 Million Jahre v. Chr. die spätere *Homo erectus*-Gruppe ab, die sich in Ost- und Südostasien in mehreren Ausläufern ausbreitet und erst um 200 000 (Ostasien) bzw. ca. 100 000 v. Chr. ausstirbt. In Bereichen Afrikas und Europas entwickelt sich *Homo ergaster* bis vor 800 000 Jahren weiter. Dann spaltet sich ein Ast in Richtung Europas ab, der ebenfalls nur kurzlebig ist: *Homo antecessor* (bis ca. 650 000 v. Chr.). Aus *Homo ergaster* entwickelt sich *Homo heidelbergensis*; diese Gruppe erfährt ab 400 000 v. Chr. eine erneute Aufspaltung. In Europa bildet sich zunächst der *Homo neanderthalensis* aus, der aber – nach der Darstellungsweise im vorgegebenen Stammbaum zu urteilen – vor ca. 50 000 Jahren ausstirbt. *Homo sapiens* entwickelt sich ebenfalls aus der *Homo heidelbergensis*-Gruppe und verbreitet sich, ausgehend von Afrika vor etwas mehr als 100 000 Jahren über Ost- und Südostasien sowie Europa.

Der Zwerg von Flores kann nicht ohne Schwierigkeiten in diesen Stammbaum integriert werden, da viele Überlegungen, die zu einer fundierten und abgesicherten Einordnung führen könnten, spekulativ bleiben müssen. Erstes und wichtigstes Kriterium für eine Einordnung ist die zeitliche Datierung der Knochenfunde von *Homo floresiensis*. Mit einer Zeitspanne seiner nachgewiesenen Existenz von 90 000–12 000 Jahren v. Chr. kann der Zwerg von Flores keinesfalls ein Nachfahre des *Homo sapiens* sein. Wie Material E über die Ausbreitung des *Homo sapiens* verdeutlicht, erreichte der Jetztzeitmensch den Bereich der Insel Flores erst vor ca. 50 000 Jahren. Sowohl von der zeitlichen als auch von der geografischen Ausbreitung her, kommt nur *Homo erectus* für eine direkte Abstammung in Frage. Er besiedelte den Lebensraum Südostasien bereits vor 800 000 Jahren und ist damit deutlich älter als *Homo floresiensis*. Wie in der zweiten Teilaufgabe bereits dargelegt, sind beim Zwerg von Flores Kennzeichen vorhanden, die zum einen auf ältere Formen schließen lassen, zum anderen aber auch deutlich entwickelte Merkmale aufweisen. Eine mögliche Entwicklung könnte daher dergestalt vonstattengegangen sein, dass zunächst Vertreter des *Homo erectus* die Insel Flores besiedelt haben. Im Laufe der Entwicklung dieser Individuen, die isoliert und vom Genpool der übrigen *Homo erectus*-Gruppe abgeschnittenen waren, könnte sich als Umweltanpassung der *Homo floresiensis* herausgebildet haben. Ausgehend von diesen Überlegungen könnte eine Integration des Zwerges von Flores in den vorliegenden Stammbaum wie folgt aussehen:

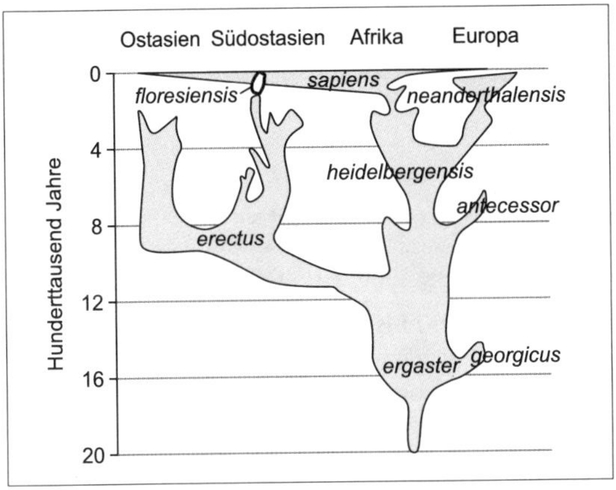

Eine weitere Überlegung (wenn auch äußerst spekulative) wäre die folgende zur Abstammung des Zwerges von Flores: Beim *Homo floresiensis* handelt es sich um eine degenerierte Zwergform des *Homo sapiens*. Hierbei werden zwei Annahmen kombiniert, für die es bis heute keine irgendwie gearteten Belege gibt. Zum einen, dass *Homo sapiens* zu einem Zeitpunkt *vor* dem Auftreten des *Homo floresiensis* bereits Südostasien besiedelt hatte und zum anderen, dass der Zwerg von Flores – trotz seiner kulturellen und intellektuellen Leistungen – als degeneriert angesehen werden muss.

Bei jedem neu entdeckten Fossilfund eines Hominiden ergibt sich die Schwierigkeit, ihm korrekt eine passende Stellung in dem bereits existierenden Hominidenstammbaum zuzuweisen. Dies gilt auch für den *Homo floresiensis*. Je kleiner der Fund von der Materialmenge her ist, desto schwieriger ist es meistens, eine allgemeingültige Aussage über diesen Einzelfund zu treffen. In manchen Fällen kann dies – auch bei umfangreicheren Funden – so weit gehen, dass eine eindeutige Zuordnung zu bereits bekannten Funden des einen oder anderen Hominiden-Vertreters nicht möglich ist. Besonders schwierig wird eine Zuordnung immer dann, wenn ein Fund Merkmalskombinationen aufweist, die mehreren Vertretern zugeordnet werden könnten. Dies trifft auch auf den Zwerg von Flores zu. Weil manche Merkmale, die ein neuer Fossilfund aufweist, eine korrekte Einordnung nicht zulassen, kann z. T. keine klare Aussage darüber getroffen werden, ob die Hominidenreste nicht vielleicht zu einem neuen, bislang noch nicht bekannten Entwicklungszweige gehören könnten oder doch nur Zwischenformen bekannter Entwicklungslinien verkörpern. Einzig und allein kann daher – auch beim Zwerg von Flores – nur ein Einordnungskriterium als sicher herangezogen werden, dasjenige des Alters des Fossilfundes.

Aufgabenstellung:

Thema: Ein Krankheitsbild – unterschiedliche Ursachen

II.1 Werten Sie die Materialien A und B hinsichtlich der Risikofaktoren für Diabetes mellitus Typ II aus. Benennen Sie drei zentrale Risikofaktoren sowie entsprechende Maßnahmen der Vorbeugung für Diabetes Typ II. (10 Punkte)

II.2 Ermitteln und begründen Sie auf der Basis von Material C die Art der Vererbung von Diabetes mellitus MODY 2 und geben Sie für die Personen mögliche Genotypen an. Erläutern Sie auf der Basis der Materialien D und G molekulargenetische Ursachen der Diabetes-Form MODY 2 und deuten Sie sie im Hinblick auf die Veränderungen der Glucokinase. (26 Punkte)

II.3 Erläutern Sie auf der Grundlage von Material E die veränderte Insulinausschüttung der an Diabetes mellitus MODY 2 Erkrankten in Abgrenzung zum Normalfall. Stellen Sie anhand von Material F eine Hypothese auf, die die Wirkung der häufig eingesetzten Sulfonylharnstoff-Präparate zur Behandlung erklärt. (18 Punkte)

Material A: Informationen zu verschiedenen Formen der Zuckerkrankheit „Diabetes mellitus“

Diabetes mellitus gehört zu den großen Gesundheitsproblemen unserer Zeit. In Deutschland sind etwa 6 Millionen Menschen betroffen. Über 177 Millionen Menschen sind zurzeit weltweit an Diabetes mellitus erkrankt. Vor allem in Industrieländern ist die Zahl der Betroffenen sehr hoch, die Gesamtzahl weltweit wird sich nach Schätzungen der Weltgesundheitsorganisation bis 2025 fast verdoppeln.
Die Krankheit ist auf einen erhöhten Blutzuckerspiegel zurückzuführen, wobei dafür unterschiedliche Ursachen vorliegen können und verschiedene Krankheitsformen bekannt sind. Im Folgenden werden drei Formen vorgestellt.

Diabetes mellitus Typ I (insulinabhängiger Diabetes, Jugenddiabetes):
Insulin, ein Protein, das in den β-Zellen der Bauchspeicheldrüse gebildet wird und in die Blutbahn abgegeben wird, kann nicht mehr synthetisiert werden. Insulin bewirkt, dass der Blutzuckerspiegel niedrig gehalten werden kann. Die Krankheit tritt gewöhnlich recht plötzlich im jüngeren Alter ein; die insulinbildenden Zellen werden angegriffen und die Fähigkeit zur Insulinherstellung wird zerstört.

Diabetes mellitus Typ II:
Beim Diabetes Typ II kann Insulin noch gebildet werden. Häufig beruht die Erkrankung auf der verringerten Fähigkeit der Zielzellen, auf Insulin zu reagieren. Sie kann in selteneren Fällen auch auf einen Mangel an Insulinfreisetzung beruhen. Die Krankheit kann erblich bedingt sein, allerdings tritt sie nur unter bestimmten Bedingungen auf. Über 90 % aller Diabetiker haben Diabetes Typ II. Typ II tritt gewöhnlich nach dem vierzigsten Lebensjahr auf; die Häufigkeit der Erkrankung steigt mit dem Alter.

Diabetes mellitus MODY 2 (MODY 2 Glucokinase):
Diabetes mellitus MODY 2 gehört zu der Gruppe von MODY Sonderformen des Diabetes mellitus. Ursache des Diabetes mellitus MODY 2 ist eine Veränderung des Enzyms Glucokinase, das beim Abbau der Glucose und bei der Regulation der Insulinfreisetzung in den β-Zellen der Bauchspeicheldrüse eine wichtige Rolle spielt. Die Krankheit tritt oft bereits im frühen Lebensalter auf.

Material B: Untersuchungen zum Risiko einer Erkrankung an Diabetes mellitus Typ II

a) Untersuchungen in Großbritannien zeigten, dass die Häufigkeit von Erkrankungen an Diabetes Typ II in Kriegsjahren, in denen erhebliche Einschränkungen in Umfang und Zusammensetzung der Ernährung typisch waren, deutlich abnahmen. So sank die Rate der an Diabetes Typ II Erkrankten während des ersten Weltkrieges 1914 bis 1918 um mehr als 30 %, während des zweiten Weltkrieges 1939 bis 1945 um etwas mehr als 40 %. Bis 2004 ist dann die Zahl der Erkrankungen seit 1940 um den Faktor 9 angestiegen. In Deutschland ist eine vergleichbare Entwicklung seit 1950 belegt.

b) In einer Studie werden seit 1992 etwa 40 000 gesunde amerikanische Frauen im Alter über 45 Jahren untersucht. Körpergewicht, Größe und sportliche Aktivitäten in der Freizeit wurden bei Aufnahme in die Studie dokumentiert und in jährlichen Abständen per Telefoninterview nachverfolgt. In den folgenden Jahren traten 1 361 Fälle von Diabetes mellitus Typ II auf. Auf der Basis dieser Daten wurde das Risiko einer möglichen Diabetes-Erkrankung für verschiedene Gruppen ermittelt. Im Vergleich zu unter- und normalgewichtigen Frauen ergibt sich für übergewichtige Frauen ein 3,2-faches höheres Risiko, für extrem übergewichtige, sogenannte fettleibige Frauen ein Anstieg des Risikos auf das 9-fache.

aus: http://www.cardiovasc.de/hefte/2005/01/56.php: Bewegung macht Übergewicht nicht wett, Prof. Dr. Hermann S. Füeßl, Cardiovasc 1/2005, S. 56

c) Untersuchungen eines Zusammenhangs zwischen körperlicher Bewegung und dem Diabetes-Risiko ergaben, dass über 7 Stunden körperliche Bewegung pro Woche zu einer Senkung des Risikos um 30 % führen können.

Material C: Ausschnitt aus einem Stammbaum einer Familie mit Diabetes mellitus MODY 2

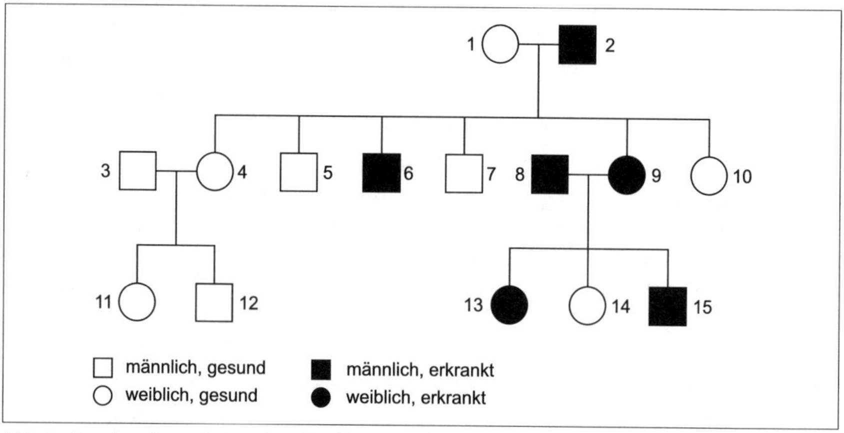

Abb. 1: Aus dem Stammbaum einer Familie mit Diabetes mellitus MODY 2

Material D: Informationen zum Glucokinase-Gen

Das Glucokinase-Gen besitzt 12 Exons und umfasst mehr als 25 Kilobasenpaare (kbp). Abbildung 2 zeigt einen Ausschnitt einer DNA-Sequenzanalyse aus dem Exon 7 des nicht codogenen Strangs eines gesunden (A) und eines an MODY 2 erkrankten Patienten (B).

DNA-Ausschnitt aus dem nicht codogenen Strang einer gesunden Person (A)	DNA-Ausschnitt aus dem nicht codogenen Strang eines Patienten mit MODY2 (B)
5' … – CCA – GGC – ACG – GGC – … 3'	5' … – CCA – GGC – ATG – GGC – … 3'

Abb. 2: Ausschnitt einer DNA-Sequenzanalyse aus dem Exon 7 des nicht codogenen Strangs eines gesunden (A) und eines an MODY 2 erkrankten Patienten (B)

Material E: Mechanismus der Insulinfreisetzung durch Glucose in den β-Zellen der Bauchspeicheldrüse (Abb. 3) und Zustand bei veränderter Glucokinase (Abb. 4)

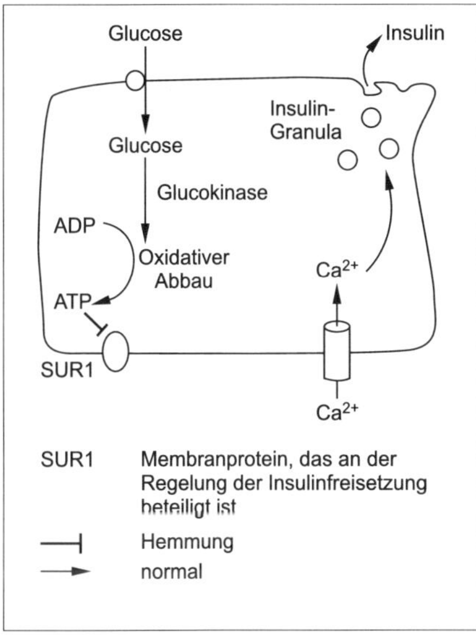

Abb. 3: Mechanismus der Insulinfreisetzung in der normalen Zelle

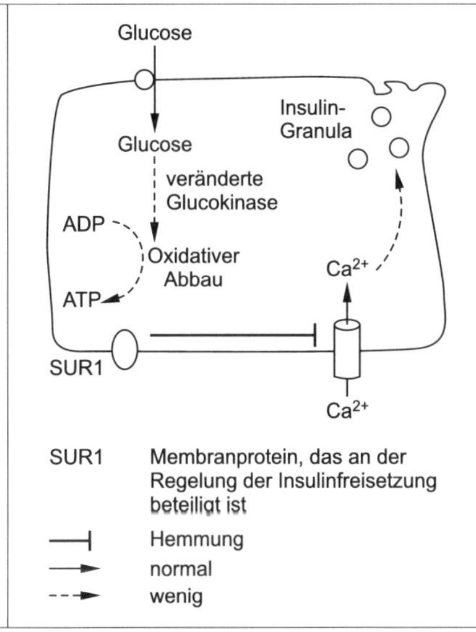

Abb. 4: Zustand bei Veränderung der Glucokinase bei Diabetes MODY 2

aus: Bielfeld-Ackermann, A.: Therapie von Typ-2-Diabetes. In: Praxis der Naturwissenschaften Biologie, Heft 5, 2005, S. 23–25

Material F: Medikamentöse Behandlung von Diabetes mellitus MODY 2

Bei der Behandlung des Diabetes MODY 2 kommen häufig Sulfonylharnstoff-Präparate zum Einsatz. Diese Präparate wirken am SUR1 Membranprotein.

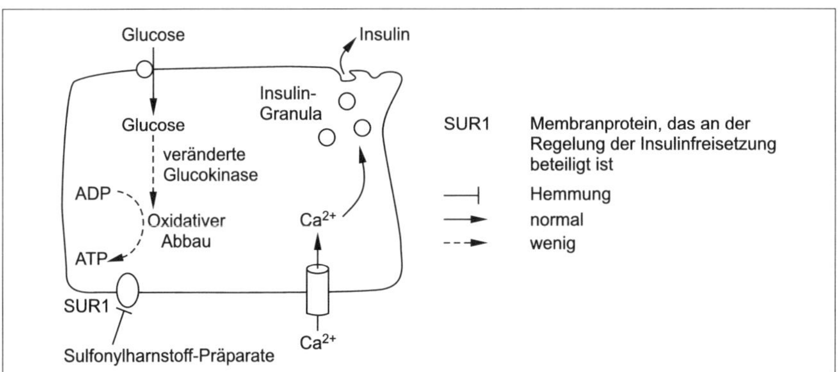

Abb. 5: Behandlung des Diabetes MODY 2 mit Sulfonylharnstoff-Präparaten

Material G: Code-Sonne und Tabelle zum genetischen Code

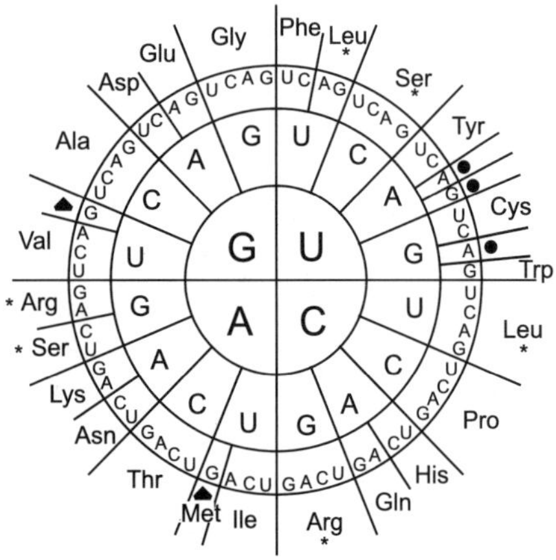

Ala	Alanin
Arg	Arginin
Asn	Asparagin
Asp	Asparaginsäure
Cys	Cystein
Gln	Glutamin
Glu	Glutaminsäure
Gly	Glycin
His	Histidin
Ile	Isoleucin
Leu	Leucin
Lys	Lysin
Met	Methionin
Phe	Phenylalanin
Pro	Prolin
Ser	Serin
Thr	Threonin
Tyr	Tyrosin
Trp	Tryptophan
Val	Valin

▲ Start-Codon
● Stopp-Codon
* zweimal auftretende Aminosäure

Tabelle zum genetischen Code

Erste Base	Zweite Base				Dritte Base
5'	**U**	**C**	**A**	**G**	**3'**
U	Phe Phe Leu Leu	Ser Ser Ser Ser	Tyr Tyr Stopp Stopp	Cys Cys Stopp Trp	**U** **C** **A** **G**
C	Leu Leu Leu Leu	Pro Pro Pro Pro	His His Gln Gln	Arg Arg Arg Arg	**U** **C** **A** **G**
A	Ile Ile Ile Met (Start)	Thr Thr Thr Thr	Asn Asn Lys Lys	Ser Ser Arg Arg	**U** **C** **A** **G**
G	Val Val Val Val	Ala Ala Ala Ala	Asp Asp Glu Glu	Gly Gly Gly Gly	**U** **C** **A** **G**

weitere Materialgrundlage:
Stoffel, Markus, Graeme I. Bell: Glukokinase-Defekte bei Patienten mit jugendlichem, nicht insulinabhängigem Diabetes mellitus (MODY). Deutsches Ärzteblatt 91, Heft 42, 1994
Fehmann, H., Strowski, M., Göke, B.: Diabetes mellitus mit monogen determinierter Störung der Beta-Zellfunktion: Maturity-onset Diabetes of the Young,
Deutsches Ärzteblatt 101: A 860–867 Heft 13, 2004
Campbell, N.A., Reece, J.: Biologie, S. 1162, Pearson Education Deutschland, 6. Aufl. 2006
Purves, W. K., Sadave, D., Orians, G. H., Heller, H. C.; Biologie, S. 1003–1004, 7. Auflage, Spektrum Akademischer Verlag 2006

Lösungsvorschlag

In der Aufgabe thematisierte Unterrichtsinhalte sind:
Genetische und entwicklungsbiologische Grundlagen von Lebensprozessen (molekulare Grundlagen der Vererbung und Entwicklungssteuerung, Replikation, Proteinbiosynthese, Wirkungsweise von Mutagenen, Regulation der Genaktivität, Operonmodell), Aspekte der Zytogenetik mit humangenetischem Bezug (Stammbaumanalyse und Erbgänge in der humangenetischen Beratung)

II.1 *Zunächst sollten Sie als Einleitung in einigen Sätzen die verschiedenen Typen der Zuckerkrankheit kurz in Form und Auswirkung darstellen. Die restliche Aufgabenstellung erfordert eine reproduktive Textanalyse.*

Der Diabetes mellitus gehört zu den großen „Volkskrankheiten" in den Industriegesellschaften. Er tritt in drei Formen auf und kann Menschen jeden Alters betreffen. *Diabetes mellitus Typ I*, der insulinabhängige Diabetes, tritt im Normalfall nur bei Jugendlichen auf. Bei dieser Form der Zuckerkrankheit kann das Hormon Insulin nicht mehr vom Körper synthetisiert werden. Zum *Diabetes mellitus Typ II* gehören mehr als 90 % aller Diabetiker. Die Erkrankung tritt meist in einem Alter jenseits des 40. Lebensjahres auf. Normalerweise reagieren hier die körpereigenen Zielzellen nicht mehr auf das Peptidhormon; seltener ist bei diesem Typ der Zuckerkrankheit eine zu geringe Insulinfreisetzung die Ursache. Eine Sonderform stellt der dritte Typ der Zuckerkrankheit, der *Diabetes mellitus MODY 2*, dar. Bei dieser, oft schon im frühen Lebensalter auftretenden Form liegt eine Veränderung im Enzym Glucokinase vor, welches im Glucosestoffwechsel der Leber und in der Bauchspeicheldrüse wichtige Funktionen besitzt.

Das Risiko, an der Zuckerkrankheit Diabetes mellitus Typ II zu erkranken, wächst mit steigendem Alter und ist sehr von der jeweiligen Lebenssituation und den individuellen Lebensgewohnheiten abhängig. Zwei Studien, die in Material B angesprochen werden, belegen, dass es drei wesentliche Faktoren sind, welche einer Erkrankung mit diesem Typ der Zuckerkrankheit Vorschub leisten. Zum einen ist dies die Art und Weise, wie sich der Mensch ernährt. Besonders ist hier die Zusammensetzung, vor allem aber die Menge der aufgenommenen Nahrungsmittel zu nennen. Eine daraus resultierende übermäßige Kalorienzufuhr führt direkt zu einem weiteren Risikofaktor für eine Erkrankung an Diabetes mellitus Typ II: dem Übergewicht. Als dritter Faktor, der ursächlich an der Zuckerkrankheit beteiligt sein könnte, ist das Fehlen ausreichender körperlicher Bewegung zu nennen. Neben diesen individuell veränderbaren Faktoren können auch genetische Ursachen, bedingt durch eine erbliche Vorbelastung, das Risiko erhöhen, an Diabetes mellitus Typ II zu erkranken. Die zuvor dargelegten, individuell beeinflussbaren Faktoren, können so gesteuert werden, dass das Risiko einer möglichen Erkrankung an der Zuckerkrankheit deutlich gesenkt wird. Zu nennen ist hier zum einen eine ausgewogene, gesunde Ernährung ohne übermäßige Kalorienzufuhr. Tägliche körperliche Bewegung von einer Stunde kann darüber hinaus – nach Aussagen einer in Material B angegebenen Studie – das Diabetes-Risiko um 30 % senken. Wichtig ist in diesem Zusammenhang auch, dass man sein Gewicht kontrolliert und darauf achtet, nicht bzw. nicht zu übergewichtig zu werden.

II.2 *Wenn Sie Stammbäume analysieren sollen, ist es im Vorfeld wichtig, dass Sie auf einen Blick den Stammbaum einordnen können. Hierbei helfen Ihnen einige einfache Überlegungen. Da es Autosomen und Gonosomen (Geschlechtschromosomen) gibt, kann ein Merkmal prinzipiell auf vier verschiedene Weisen vererbt werden: autosomal-rezessiv, autosomal-dominant, gonosomal-rezessiv oder gonosomal-dominant. Die gonosomal-dominante Vererbungsvariante ist aber von der autosomal-dominanten kaum zu unterscheiden und daher sehr unwahrscheinlich. Es sollten aber dennoch alle genannt werden, wenn von Ihnen verlangt wird, andere Möglichkeiten auszuschließen. (Das Y-Chromosom können Sie im Normalfall vernachlässigen, da es so gut wie genleer ist.) Sind in einem Stammbaum gleichviel männliche wie weibliche Merkmalsträger, handelt es sich wahrscheinlich um ein autosomal vererbtes Merkmal. Überwiegen dagegen Männer als Merkmalsträger oder existieren ausschließlich männliche Merkmalsträger, so wird das Merkmal höchstwahrscheinlich gonosomal vererbt. Bei der Frage, ob ein Merkmal dominant oder rezessiv in seiner Vererbung ist, kann ein Blick auf die einzelnen „Generationen" des Stammbaums helfen. Dominant vererbte Merkmale treten normalerweise in jeder Generation auf, wohingegen rezessive Merkmale eine oder mehrere Generationen überspringen können. Bei der molekulargenetischen Analyse müssen Sie sich im Klaren darüber sein, dass im Material D die Basensequenz des* ***nicht codogenen*** *DNA-Stranges angegeben wurde. Dies bedeutet für Sie, dass Sie zunächst – nach der Komplementaritätsregel – die entsprechende Basensequenz des codogenen Stranges erstellen und anschließend mithilfe des Materials G (Code-Sonne bzw. Tabelle zum Genetischen Code) die Aminosäuresequenz ermitteln. Denken Sie bitte daran, dass die Code-Sonne von innen (5'-Ende) nach außen (3'-Ende) abgelesen wird. Für Sie ist es einfacher, wenn Sie die Darstellungen (codogener Strang, mRNA-Sequenz, Aminosäuresequenz) in tabellarischer Form vergleichend präsentieren. Bei der Deutung der Veränderungen in der Glucokinase, müssen Sie ggf. auch auf Kenntnisse aus der Jahrgangsstufe 11 (Enzymaufbau, Tertiärstruktur eines Proteins) zurückgreifen.*

Folgende Aussagen können über die Individuen aus einem Stammbaum einer Familie mit Diabetes mellitus MODY 2 gemacht werden (Material C).
Die Vererbung dieser Form der Zuckerkrankheit erfolgt autosomal-dominant. Dies kann aus folgenden Tatsachen geschlossen werden:

- Eine gonosomal-(X-chromosomal-)rezessive Vererbung kann deswegen ausgeschlossen werden, weil der Ausschnitt aus dem Familienstammbaum sowohl männliche als auch weibliche Merkmalsträger enthält. Das gesunde Individuum 14 wäre bei einer derartigen genetischen Konstellation der Eltern 8 und 9 nicht möglich.
- Eine gonosomal-(X-chromosomal-)dominante Vererbung des Diabetes mellitus MODY 2 ist ebenfalls ausgeschlossen. Die Individuen 4 und 10 wären bei einem derartigen Vererbungsmodus nicht die Töchter von Individuum 2, ihrem Vater.
- Auch ein autosomal-rezessiver Erbgang kann hier nicht vorliegen. Bei einer solchen Vererbung ist das gesunde Individuum 14 erkrankter Eltern (Individuen 8 und 9) nicht zu erklären.

Aus diesen Überlegungen ergibt sich für eine genotypische Symbolisierung des Merkmals die folgende Belegung:

- A für das dominante Allel, welches für ein defektes Gen codiert, das zu einer abgewandelten Glucokinase führt.
- a für das rezessive Allel, welches für eine funktionstüchtige Glucokinase codiert.

Unter der Voraussetzung einer dominanten Vererbung haben alle Individuen, welche mindestens ein „A"-Allel in ihrem diploiden Chromosomensatz besitzen, eine veränderte Glucokinase. Dies sind die Individuen 2, 6, 8 und 9, welche alle den Genotyp „Aa" besitzen. Bei den Individuen 13 und 15 ist – aufgrund der fehlenden Information über die Genotypen etwaiger Nachkommen keine Entscheidung möglich, ob ihr Genotyp „AA" oder „Aa" lautet. Alle übrigen Individuen des Stammbaums, die keine Merkmalsträger sind, haben den Genotyp „aa".
Die molekulargenetische Grundlage des Enzymdefektes kann aus den Angaben in Material D erschlossen werden. Ein Vergleich des DNA-Ausschnitts aus Exon 7, welcher den nicht codogenen Strang einer gesunden Person bzw. eines Patienten mit Diabetes mellitus MODY 2 wiedergibt, lässt erkennen, dass es sich um eine Punktmutation handeln muss. Im wiedergegebenen Abschnitt ist diese Genmutation im dritten Basentriplett von links daran zu erkennen, dass anstelle der Base Cytosin die Base Thymin in der Mitte des Tripletts vorhanden ist. Dies führt über die Transkription und die Translation zum Einbau einer anderen Aminosäure, wie die folgende Darstellung verdeutlicht:

gesundes Individuum

DNA-Sequenz (codogener Strang)	3' ...– GGT – CCG – TGC – CCG –... 5'
mRNA-Sequenz	5' ...– CCA – GGC – ACG – GGC –... 3'
Aminosäuresequenz	...– Pro – Gly – **Thr** – Gly –...

an Diabetes mellitus MODY 2 erkranktes Individuum

DNA-Sequenz (codogener Strang)	3' ...– GGT – CCG – TAC – CCG –... 5'
mRNA-Sequenz	5' ...– CCA – GGC – AUG – GGC–... 3'
Aminosäuresequenz	...– Pro – Gly – **Met** – Gly –...

Der Einbau der Aminosäure Methionin anstelle der dort üblichen Aminosäure Threonin verändert die Glucokinase in ihrer Aktivität. Dies kann dadurch erklärt werden, dass sich die räumliche Struktur des Enzyms, seine Tertiärstruktur, durch den Einbau der falschen Aminosäure womöglich verändert hat. U. U. sind Disulfid- oder Wasserstoffbrückenbindungen nicht oder zusätzlich ausgebildet worden, deren Nicht- oder zusätzliches Vorhandensein sich auf die Wirkungsweise des Aktiven (Katalytischen) Zentrums des Enzyms auswirken.

II.3 *Beginnen Sie Ihre Ausführungen mit einem zusammenfassenden Satz, damit Sie zeigen, dass Sie die wesentlichen Mechanismen erkannt haben. Bei der Beschreibung des normalen Mechanismus der Insulinfreisetzung (Abb. 3) sollten Sie bereits Erkenntnisse mit einfließen lassen, die sich erst bei Betrachtung der Vorgänge in den Abbildungen 4 und 5 genauer erklären lassen. Damit können Sie den „größeren Zusammenhang" herstellen.*

Beim Mechanismus einer Insulinfreisetzung durch Glucose in der Bauspeicheldrüse (Material E, Abb. 3) spielen das Membranprotein SUR1 und Kalzium-Ionen eine entscheidende Rolle, wohingegen das Enzym Glucokinase lediglich einen vermittelnden Charakter besitzt. Durch ein Carrier-Protein, das in der Biomembran lokalisiert ist, gelangt Glucose in die β-Zellen der Bauchspeicheldrüse. Dort erfolgt dessen Abbau durch das glucosephosphorylierende Enzym Glucokinase. Das bei diesem Abbau entstehende ATP hemmt seinerseits das Membranprotein SUR1. Dadurch, dass SUR1 gehemmt wird, können weitere Prozesse nicht ablaufen, die sich ansonsten negativ auf den Einstrom von Ca^{2+}-Ionen in die Zelle auswirken würden. Somit gelangen durch Kalzium-Kanäle Ca^{2+}-Ionen in die Bauchspeicheldrüsenzellen. Dort wirkt Ca^{2+} als intrazellulärer *„second messenger"* darauf, dass Insulin aus spezifischen Granula durch Verschmelzung der Vesikel mit der Zellmembran freigesetzt wird.
Beim Diabetes mellitus MODY 2 ist dieser Ablauf gestört (Abb. 4). Glucose-Moleküle gelangen zwar weiterhin in die Zelle, die veränderte Glucokinase kann die Glucose-Moleküle aber nicht mehr in der üblichen Menge oxidativ abbauen. Somit verringert sich die Anzahl der ATP-Moleküle innerhalb der Zelle. Da weniger ATP vorhanden ist als im Normalfall, wird SUR1 nicht mehr gehemmt und kann nun seinerseits über Zwischenschritte den Influx von Ca^{2+}-

Ionen negativ beeinflussen. Weil der Botenstoff Ca^{2+} fehlt, erfolgt keine Ausschüttung von Insulin aus den β-Zellen der Bauchspeicheldrüse.
Die Störung des hier beschriebenen Wirkmechanismus durch die angeborene Erkrankung Diabetes mellitus MODY 2 kann medikamentös behandelt werden. Wie Abbildung 5 in Material F verdeutlicht, gelingt es Sulfonylharnstoff-Präparaten, die Funktion zu übernehmen, welche im Normalfall das ATP ausübt, nämlich SUR1 zu hemmen. Als Folge dieser Hemmung können dann bei einem derart therapierten Patienten mit Diabetes mellitus MODY 2 wieder Ca^{2+}-Ionen als intrazelluläre *„second messenger"* für eine Ausschleusung von Insulin aus den Insulin-Granula sorgen. Eine Hypothese über den Wirkmechanismus der Sulfonylharnstoff-Präparate kann darauf aufgebaut werden, dass der Wirkmechanismus von Membranproteinen als Rezeptoren mit „Andockstellen" für spezifische Moleküle bekannt ist. Sulfonylharnstoffe haben anscheinend die Fähigkeit, an SUR1 zu binden und damit die Reaktionen auszuschalten, mit denen SUR1 selber oder von ihm beeinflusste Reaktionen das Einströmen von Ca^{2+}-Ionen verhindert. Damit wird die Abgabe von Insulin aus den Bauchspeicheldrüsenzellen der erkrankten Menschen wieder ermöglicht.

Aufgabenstellung:

Thema: Der Einfluss einer neu eingeführten Art in ein Ökosystem

III.1 Erläutern Sie die Nahrungsbeziehungen im Flathead-River-Lake-Ökosystem anhand von Material A und B auch hinsichtlich der verschiedenen Trophieebenen. Analysieren Sie insbesondere die Verflechtungen des Kokanee-Lachses und der Schwebgarnelenart *Mysis relicta* im Nahrungsnetz. Beziehen Sie dabei auch Material C ein. (18 Punkte)

III.2 Beschreiben und erklären Sie die in Material D dargestellten Populationsentwicklungen vor und nach der Einführung der Schwebgarnelenart *Mysis relicta.* (24 Punkte)

III.3 Bewerten Sie die Auswirkungen, die das Aussetzen der Schwebgarnelenart *Mysis relicta* auf das Ökosystem hatte. Erörtern Sie, ob diese Auswirkungen von vornherein abschätzbar waren. (12 Punkte)

Material A: Informationen zum Ökosystem

Im Norden des US-Bundesstaates Montana befindet sich das Flathead-River-Lake-Ökosystem und angrenzend der Glacier National Park. Das Flathead-River-Lake-Ökosystem besteht aus dem 482 km^2 großen Flathead Lake, einem See, sowie dem Flathead River und dem angrenzenden McDonald Creek.

Der Flathead Lake beheimatet zahlreiche Fischarten wie den Kokanee-Lachs *(Oncorhynchus nerka).* Zum Laichen schwimmt der Kokanee-Lachs über den Flathead River den 4 km langen McDonald Creek hinauf.

Im angrenzenden Glacier National Park leben Grizzlybären und Weißkopfseeadler, die sich von laichenden Kokanee-Lachsen ernähren.

Der Flathead Lake ist beliebtes Ziel für Sportfischer. Zur Vermehrung des Lachsbestandes wurde zwischen 1968 und 1977 eine nicht heimische Schwebgarnelenart *(Mysis relicta)* in verschiedene Seen des Flathead-River-Lake-Ökosystem (z. B. Ashley Lake, Whitefish Lake, Swan Lake) eingeführt. 1981 erreichte sie den Flathead Lake.

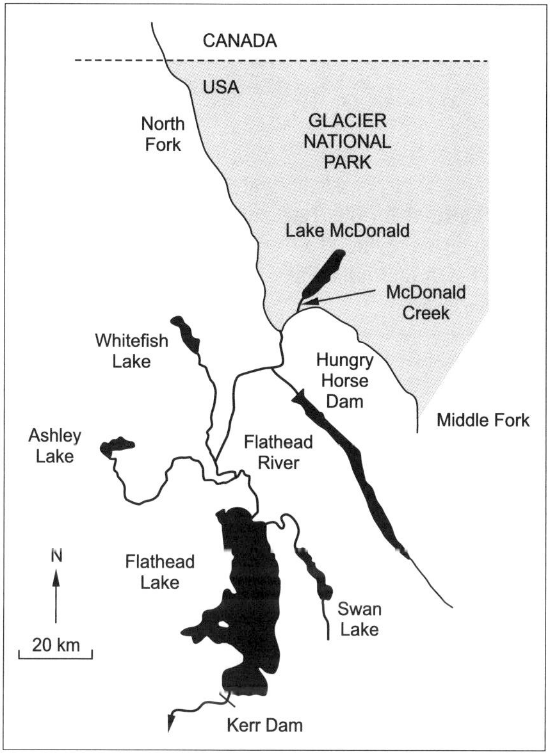

Abb. 1: Geografische Lage des Flathead-River-Lake-Ökosystems im Bundesstaat Montana (USA)

aus: Spencer, Craig N., McClelland, B. Riley ; Stanford, Jack A. (1991): Shrimp stocking, salmon collapse, and eagle displacement. Bio Science 41 (1): 14–21

Material B

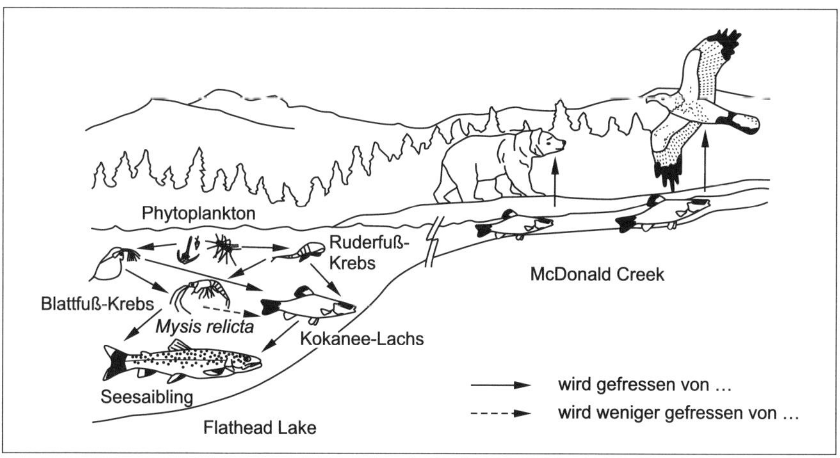

Abb. 2: Nahrungsbeziehungen im Flathead-River-Lake-Ökosystem

Als Phytoplankton werden die im freien Raum des Wassers dahin treibenden oder schwebenden kleinen pflanzlichen Organismen bezeichnet.

aus: Spencer, Craig N., McClelland, B. Riley ; Stanford, Jack A. (1991): Shrimp stocking, salmon collapse, and eagle displacement. Bio Science 41 (1): 14–21

Material C

Der Kokanee-Lachs findet sich vorwiegend im oberflächennahen Bereich des Flathead Lake bis zu einer Tiefe von 30 m, wo er bei Tag seiner Beute nachstellt. Die Schwebgarnele *Mysis relicta* befindet sich in Abhängigkeit von den Lichtverhältnissen in unterschiedlichen Bereichen des Sees:

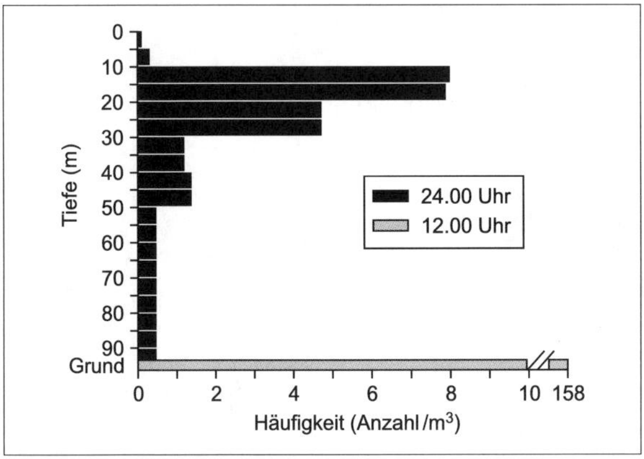

Abb. 3: Häufigkeit der Schwebgarnele *Mysis relicta* in verschiedenen Bereichen des Sees um 24 Uhr und um 12 Uhr

aus: Spencer, Craig N., McClelland, B. Riley ; Stanford, Jack A. (1991): Shrimp stocking, salmon collapse, and eagle displacement. Bio Science 41 (1): 14–21

Material D

In Abbildung 4 werden die Ergebnisse der Populationsentwicklungen von Schwebgarnelen im Flathead Lake, von Kokanee-Lachsen und Weißkopfseeadlern in dem 4 km langen Flussabschnitt des McDonald Creek dargestellt. Hierfür wurden unterschiedliche Beobachtungen zugrunde gelegt. Es wurde mehrfach die Anzahl der Schwebgarnelen pro m^2 Wasseroberfläche im Flathead Lake, die Anzahl der Kokanee-Lachse in dem gesamten 4 km langen Flussabschnitt des McDonald Creek und die Anzahl der Sichtungen von Weißkopfseeadlern entlang des 4 km langen Flussabschnittes des McDonald Creek ermittelt und dann wurden die Daten dieser Einzelmessungen von einem Jahr jeweils summiert.

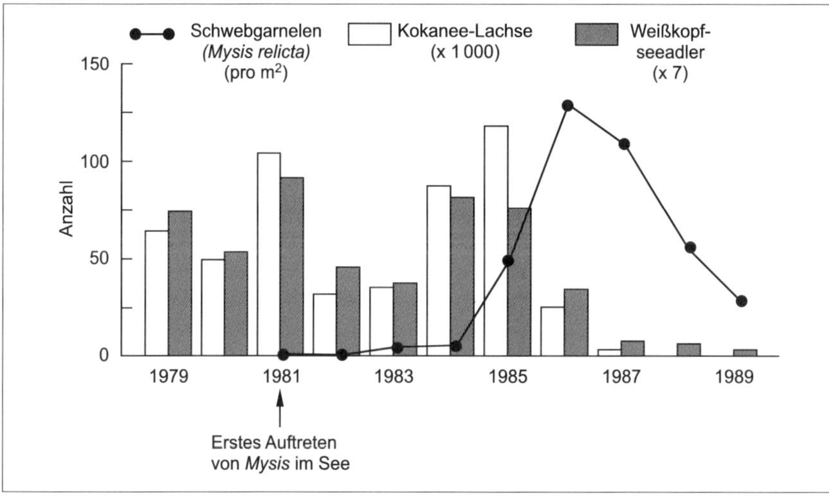

Abb. 4: Populationsentwicklungen von Kokanee-Lachs, Weißkopfseeadler und Schwebgarnele *Mysis relicta*; angegeben sind die summierten Daten aus Einzelmessungen eines Jahres: die Anzahl der Garnelen pro m^2 Wasseroberfläche im Flathead Lake, sowie die Anzahl der Lachse (x 1 000) und die Anzahl an Sichtungen von Weißkopfseeadlern (x 7) entlang des 4 km langen Flussabschnittes des McDonald Creek.

aus: Spencer, Craig N., McClelland, B. Riley; Stanford, Jack A. (1991): Shrimp stocking, salmon collapse, and eagle displacement. Bio Science 41 (1): 14–21

weitere Materialgrundlage:
Townsend, C. R.; Harper, J. L.; Begon, M. E.: Ökologie, Springer Verlag, Berlin Heidelberg 2003, S. 594/595
http://www.umt.edu/flbs/WaterQuality/FoodwebEcology.htm
http://www.livinglandscapes.bc.ca/cbasin/history/biodiversity.htm

Lösungsvorschlag

In der Aufgabe thematisierte Unterrichtsinhalte sind:
Ökologische Verflechtung und nachhaltige Nutzung (Wechselbeziehungen, Populationsdynamik, Beziehungen zwischen Populationen, Verflechtungen in Lebensgemeinschaften, Trophieebenen, nachhaltige Nutzung und Erhaltung von Ökosystemen)

III.1 *Da bei der Bearbeitung dieser ersten Teilaufgabe fast alle Materialen einbezogen werden müssen, ist es sinnvoll, sich zunächst einen Überblick zu verschaffen. Anschließend sollten Sie systematisch daran gehen, die Einzelaussagen der unterschiedlichen Materialien zueinander in Beziehung zu setzen. Die Aufgabenstellung hilft Ihnen dabei insofern, dass sie Ihnen zum einen zwei Organismen nennt, auf die Sie Ihren Schwerpunkt legen sollen (Kokanee-Lachs und Schwebgarnele). Zum anderen gibt sie bei der Darstellung der Nahrungsbeziehungen bereits den Begriff „Nahrungsnetz" vor.*

Die im Flathead-River-Lake-Ökosystem lebenden Organismen gehören zu einer komplex strukturierten Nahrungsbeziehung aus mehreren Trophieebenen. Ausgangspunkt dieses Nahrungsnetzes ist das Phytoplankton, pflanzliche Kleinstorganismen der oberen Wasserschichten, welche auf der untersten Trophieebene die Produzenten des Ökosystems darstellen. Von ihnen ernähren sich – direkt oder indirekt – alle übrigen Glieder des Nahrungsnetzes, die verschiedenen Konsumenten-Glieder. Direkt verzehren Blatt- und Ruderfuß-Krebse als Organismen des Zooplanktons das Phytoplankton. Sie werden als Primärkonsumenten (Konsumenten I. Ordnung) bezeichnet. Die Kleinkrebse wiederum sind die Nahrungsgrundlage der Sekundärkonsumenten. Diese Konsumenten II. Ordnung sind hier sowohl die Schwebgarnele *Mysis relicta* als auch der Kokanee-Lachs *Oncorhynchus nerka*. Da sich der Kokanee-Lachs – wenn auch nur zu einem geringen Teil – ebenso von den Schwebgarnelen ernährt, ist er gleichzeitig auch Tertiärkonsument in der Nahrungsbeziehung

„Phytoplankton → Zooplankton → Schwebgarnele → Lachs".

Ebenfalls zu den Konsumenten III. Ordnung gehört der Seesaibling, der sich sowohl von den Schwebgarnelen ernährt als auch den Kokanee-Lachs frisst. Daher kann er aber auch als Konsument IV. Ordnung in der Nahrungsbeziehung

„Phytoplankton → Zooplankton → Schwebgarnele → Lachs → Seesaibling"

angesehen werden. Die Endkonsumenten der Nahrungskette vom Phytoplankton zum Lachs sind, hier als Konsumenten IV. Ordnung, Grizzlybär und Weißkopfseeadler.
In der Nahrungsbeziehung der Organismen des Flathead-River-Lake-Ökosystems konkurrieren mehrere Konsumenten der gleichen Trophiestufe um ein und dieselbe Beute. In einer solchen Räuber-Beute-Beziehung stehen zum einen der Grizzlybär und der Weißkopfseeadler in Bezug auf den Kokanee-Lachs und zum anderen *Mysis relicta* und der Kokanee-Lachs, welche beide Zooplankton

als Beuteorganismen jagen. Damit befinden sich Schwebgarnele und Lachs nicht nur in einem Konkurrenzverhältnis um die gleiche Beute, sondern *Mysis relicta* ist auch gleichzeitig die Beute des Kokanee-Lachses. Bei dieser Räuber-Beute-Beziehung bleibt aber – laut Material B – festzuhalten, dass die Schwebgarnele nur in geringem Ausmaße vom Kokanee-Lachs gefressen wird. Dies hängt mit der Lebensweise der Garnelenart und derjenigen des Lachses zusammen. Zu ersehen ist dies für *Mysis relicta* anhand der Darstellung in Material C. Das Diagramm verdeutlicht die Häufigkeit der Schwebgarnele in unterschiedlichen Bereichen des Sees jeweils um 12 und 24 Uhr. Die Messwerte des Diagramms, bei dem auf der Ordinate (y-Achse) die Seetiefe in Metern und auf der Abszisse (x-Achse) die Häufigkeit der Tiere als Anzahl pro m^3 angegeben ist, zeigen eindeutig, dass sich die Schwebgarnelen in der Mittagszeit am Grund des Sees aufhalten. Um Mitternacht herum bewegen sich die Tiere dagegen bevorzugt in einer Tiefe zwischen 10 und 20 m (ca. 8 Garnelen/m^3), sowie zwischen 20 und 30 m (ca. 5 Tiere/m^3), aber auch von 30 bis 50 m (mehr als 1 Tier/m^3) unterhalb der Seeoberfläche. Von 50 Metern Tiefe an ist zu diesem Zeitpunkt weniger als eine Schwebgarnele pro m^3 vorzufinden. Da der Kokanee-Lachs am Tag seine Beute sucht und dies vor allem im oberflächennahem Wasser bis zu einer Tiefe von 30 m tut, ist die Wahrscheinlichkeit, dass die Schwebgarnelen die bevorzugte Beute des Raubfisches darstellt, äußerst gering. Dies bestätigt damit die Angaben in Material B, dass die Garnele weniger vom Kokanee-Lachs gefressen wird.

III.2 *Achten Sie bei der Bearbeitung des Materials D darauf, dass in das Diagramm Daten unterschiedlicher Herkunftsorte (Flathead Lake, McDonald Creek) eingezeichnet wurden. Auch die Angaben zu den Individuenzahlen (Beobachtungen, Messungen) und ihren Veränderungen im Laufe der 10 Jahre des Beobachtungszeitraumes sind nicht einheitlich. Um einem Schätzen der jeweiligen Individuen-Anzahl vorzubeugen, ist es ratsam, weitere Hilfslinien parallel zur Abszisse (x-Achse) in das Diagramm einzuziehen. Auf diese Art und Weise können die Vergleichszahlen verlässlicher ermittelt werden. Zunächst sollten Sie die im Diagramm dargelegten Tatbestände möglichst konkret beschreiben und anschließend vor dem Hintergrund der von Ihnen dargelegten Sachverhalte begründet erläutern. Obwohl in der Aufgabenstellung nicht explizit erwartet, ist es sinnvoll, auch die Populationsentwicklung der Schwebgarnele darzulegen, um Wechselwirkungen argumentativ besser darlegen zu können.*

Die Populationsentwicklungen der Schwebgarnele, des Kokanee-Lachses und des Weißkopfseeadlers im Laufe des Beobachtungszeitraumes sind im Diagramm des Materials D dargestellt. Auf der Ordinate (y-Achse) ist die Anzahl der Lebewesen in 25er-Schritten angegeben, auf der Abszisse (x-Achse) die Jahreszahlen von 1979 bis 1989. Die Daten von *Mysis relicta* wurden am Flathead Lake erhoben (angegeben in Garnelenanzahl pro m^2 Wasseroberfläche). Für den Kokanee-Lachs und den Weißkopfseeadler stammen die Daten von Erhebungen aus dem 4 km langen Flussabschnitt des McDonald Creek. Bei den

Lachsen multiplizierte man die ermittelte Anzahl der Tiere mit 1 000, bei den Vögeln die der einzelnen Adler-Sichtungen mit 7. Anschließend sind die Daten der einzelnen Messungen der entsprechenden Tierart für das jeweilige Jahr summiert worden. Für die Schwebgarnele *Mysis relicta* ergibt sich über die Dekade das folgende Bild. In den ersten drei Jahren nach ihrem ersten Auftreten im Flathead Lake 1981 stieg die Anzahl der Garnelen im Oberflächenwasser kaum merklich an. Dies änderte sich nach 1984. Ab diesem Jahr ist ein sprunghaftes Ansteigen der Individuenzahl pro m^2 von ca. 50 Tieren in Jahr 1985 bis auf mehr als 125 Tiere 1986 zu beobachten. Von 1986 an sinkt dann die Anzahl der Tiere wieder kontinuierlich von etwa 100 Tieren (1987) über etwas mehr als 50 Tiere (1988) bis auf ca. 25 Tiere pro m^2 im Jahr 1989. Die Individuenzahl des Kokanee-Lachs schwankt in den betrachteten zehn Jahren beträchtlich. Von 1979 bis 1980 ist eine leichte Abnahme von 65 000 auf 50 000 Tiere zu beobachten. Aber bereits 1981 ist die Anzahl wieder auf 105 000 Tiere angestiegen. Der ermittelte Zahlenwert im Jahr 1982 zeigt einen Abfall auf ca. 32 000 Tiere. Auch im darauf folgenden Jahr verändert sich deren Anzahl mit 35 000 kaum. 1984 sind dann mit fast 90 000 mehr als doppelt soviel Tiere ermittelt worden und 1985 konnte mit beinahe 120 000 Tieren eine weitere Steigerung der Anzahl beobachtet werden; 1986 sank die Anzahl drastisch auf nur noch 25 000 Tiere. Ein Jahr später konnten nur noch 5 000 Tiere gezählt werden und in den Jahren 1988 und 1989 waren keine Kokanee-Lachse im Flussabschnitt des McDonald Creek mehr vorhanden.

Ähnliche Schwankungen in der Individuenzahl können auch beim Weißkopfseeadler beobachtet werden. 1979 lag ihre Anzahl bei 525 Tieren. Im darauf folgenden Jahr sank sie auf 385 Tiere, um im Jahr 1981 wieder auf fast 665 Tiere anzusteigen. 1982 und 1983 konnten mit annähernd 350 und 280 Exemplaren deutlich weniger Tiere beobachtet werden. Die Zählungen in den beiden nächsten Jahren erbrachten mit fast 595 (1984) und mehr als 525 (1985) wieder deutlich mehr Weißkopfseeadler am McDonald Creek. Die zu beobachtende Abwärtsbewegung der Anzahl an Tieren setzte sich in den folgenden Jahren fort. 1986 waren nur noch 245 Exemplare gezählt worden und 1987 sogar nur noch 70. Bis zum Jahr 1989 ging die Anzahl der gesichteten Adler über ca. 56 Exemplare 1988 auf gerade einmal 35 Exemplare zurück.

Weißkopfseeadler und Kokanee-Lachs stehen in einer Räuber-Beute-Beziehung zueinander. Nach den LOTKA-VOLTERRA-Regeln sollten sich in einem solchen Fall phasisch gegeneinander verschobene Häufigkeitskurven in der Populationsentwicklung ergeben (1. Regel), die um einen Mittelwert schwanken (2. Regel). Dies kann aus dem Diagramm nur bedingt herausgelesen werden. So kann das Anwachsen der Adlerpopulation von 1980 auf 1981 mit dem erhöhten Angebot an Kokanee-Lachsen erklärt werden. Als Folge hieraus sinkt die Anzahl der Lachse von 1981 auf 1982 stark ab, was ebenfalls zu einer deutlichen Verringerung der Anzahl an Weißkopfseeadlern im McDonald Creek führt. Die geringere Anzahl an Adlern führt in den beiden Folgejahren bis 1985 zu einer nachdrücklichen Steigerung der Populationsdichte bei den Lachsen. Der entscheidende Grund, warum sich trotzdem keine „klassische“ LOTKA-

VOLTERRA-Beziehung herausbildet, kann darin gesehenen werden, dass der Kokanee-Lachs nicht nur Beute des Weißkopfseeadler ist, sondern auch von Grizzlybär und Seesaibling gejagt wird.
Obwohl *Mysis relicta* bereits 1981 zum ersten Mal im Flathead Lake aufgefunden wurde, wirkt sich ihre Anwesenheit in den ersten Jahren bis 1984 kaum auf die Nahrungsbeziehung zwischen Kokanee-Lachs und Weißkopfseeadler aus, da nur wenige Schwebgarnelen vorhanden sind. In den Jahren nach 1984 gelingt es *Mysis relicta* dann, den neu besiedelten Lebensraum für sich zu erschließen und sich stark zu vermehren, ohne vom Kokanee-Lachs als Beutetier – wie erwartet – gefressen zu werden. Der Grund hierfür liegt in den unterschiedlichen Lebensweisen von Lachs (Tagjäger im Oberflächenwasser) und Garnele (tagsüber am Grund des Sees). Da sowohl die Schwebgarnele als auch der Raubfisch als Sekundärkonsumenten die gleichen Beutetiere jagen, herrscht im See eine starke Konkurrenz um das Zooplankton. Hierbei erweist sich die Schwebgarnele als eindeutig erfolgreicher. Auf diese Nahrungskonkurrenz ist zurückzuführen, dass die Populationsdichte der Kokanee-Lachse in den Jahren nach 1986 drastisch zurückgeht und 1989 *Oncorhynchus nerka* im McDonald Creek nicht mehr vorkommt. Das Ausbleiben der Fischwanderung hat auch drastische Konsequenzen für den Fortbestand der Weißkopfseeadler. Ihre Populationsgröße verringert sich in den Jahren nach 1985 ebenfalls drastisch, sodass auch diese Tiere – aufgrund von Nahrungsmangel – am McDonald Creek kaum noch vorkommen. Dass 1989 immer noch 35 Exemplare der Adler gezählt werden konnten, liegt vermutlich daran, dass sich die Tiere –wenn auch begrenzt – andere Nahrungsquellen zusätzlich erschließen konnten bzw. bereits vorher in einem geringen Maße andere Nahrungsquellen genutzt haben.

III.3 *Bei der hier von Ihnen geforderten Bewertung kommt es vor allem darauf an zu zeigen, dass Sie durch die Bearbeitung des Materials einen Überblick über das komplexe Geschehen erlangt haben. Daher sind ein oder zwei zusammenfassende und ggf. ausblickende Sätze als Einleitung bzw. als Abschluss ratsam.*

Das Beispiel des Aussetzens der Schwebgarnele in ein bestehendes Ökosystem zeigt einmal mehr, dass reines Profitdenken – in diesem Fall die Steigerung der Fangquote für Kokanee-Lachse – ohne gründliche Recherche von bestehenden und möglichen zukünftigen ökologischen Wechselwirkungen innerhalb der betroffenen Lebensgemeinschaft ungeahnte Auswirkungen haben kann. Das Aussetzen der dort bisher nicht heimischen Schwebgarnele *Mysis relicta* ab dem Jahr 1968 führte mit einer Verzögerung von annähernd 20 Jahren zu einem Zusammenbruch gerade derjenigen Lachs-Population, von der ein Populationswachstum erwartet wurde. Infolge dieser Entwicklung sind auch andere Mitglieder des Nahrungsnetzes vor allem im McDonald Creek von der Einbürgerung betroffen, so vornehmlich der Weißkopfseeadler, dessen Populationsentwicklung die Tiere nahe an den Rand des Aussterbens führte. Weitere Wechselwirkungen innerhalb der Biozönose sind – obwohl im Arbeitsmaterial nicht thematisiert – darüber hinaus sehr wahrscheinlich.

Nahrungsnetze, wie dasjenige im Flathead-River-Lake-Ökosystem, sind durch eine Vielzahl von Räuber-Beute-Verhältnissen gekennzeichnet. Sollen Lebensgemeinschaften durch das Aussetzen neuer, nicht endemischer (d. h. dort nicht beheimateter) Arten erweitert werden, so muss im Vorfeld genauestens geklärt werden, welche möglichen Auswirkungen die Anwesenheit des „Neubürgers“ in diesem Ökosystem haben kann. Es ist durchaus möglich, dass Lebewesen u. U. ihr Verhalten ändern, wenn sie in einen neuen Lebensraum gelangen. Aber auch bei einer exakten Untersuchung der Lebensweisen und der möglichen Auswirkungen auf die bisherigen Bewohner des Ökosystems können weiterreichende Wechselwirkungen innerhalb der Biozönose nur sehr schwer abgeschätzt werden. Der vorliegende Fall liefert hierfür ein gutes Beispiel. Wäre die Lebensweise von Kokanee-Lachs und Schwebgarnele genauer erkundet worden, hätten die Verantwortlichen bereits im Vorfeld erkennen müssen, dass ein potenzieller Beuteorganismus (Schwebgarnele), der sich zur Hauptjagdzeit des angedachten Räubers (Kokanee-Lachs) nicht in dessen Revier aufhält, völlig ungeeignet ist. Neben dieser zeitlichen wie räumlichen Distanz kommt erschwerend hinzu, dass nicht bedacht wurde, dass beide Populationen als Konsumenten II. Ordnung sich von den gleichen Beuteorganismen – den Blatt- und Ruderfußkrebsen des Zooplanktons – ernähren. Eine mögliche Nahrungskonkurrenz blieb bei der einseitigen Ausrichtung der Verantwortlichen mit Blick auf die Vermehrung des Kokanee-Lachs-Bestandes anscheinend völlig unberücksichtigt.
Der Einsatz von *Mysis relicta*, der zu einer Vermehrung des Bestandes von *Oncorhynchus nerka* führen sollte, erreichte somit das genaue Gegenteil dessen, was sich die Sportfischer davon erwartet hatten. Eine genauere Analyse im Vorfeld der Maßnahme, welche die Untersuchung der ökologischen Wechselwirkungen eingeschlossen hätte, wäre dringend notwendig gewesen. Eine derartige Untersuchung hätte zwar die unmittelbaren Wechselbeziehungen zwischen Garnele und Lachs aufdecken können. Fraglich bleibt aber, ob weitergehende Rück- und Wechselwirkungen in diesem Ökosystem mit einem derart komplexen Netzwerk der Nahrungsbeziehungen hätten hinreichend beurteilt werden können.

Grundkurs Biologie (NRW) – Abitur-Prüfung 2009
Aufgabe 1: Evolution/Genetik

Aufgabenstellung:

Thema: Parasiten als Indikatoren der Primaten-Evolution

I.1 Begründen Sie, warum der Vergleich von Aminosäure-Sequenzen und Basen-Sequenzen Erkenntnisse zur Abstammung liefert. Beschreiben Sie die darauf basierenden Ergebnisse für die Abstammung der Hominoiden (Material A) sowie für die Abstammung der Parasitengattungen *Pediculus* und *Phthirus* (Material C). (16 Punkte)

I.2 Vergleichen Sie den Stammbaum der Läuse mit dem ihrer Wirte in Bezug auf den Zeitpunkt der Trennung der jeweiligen Linien und deuten Sie Ihre Ergebnisse (Material A, Material C). (18 Punkte)

I.3 Vergleichen und erläutern Sie die Angepasstheiten der Kleiderlaus und der Kopflaus (Material B). Beurteilen Sie, inwieweit die Daten zur DNA-Sequenzanalyse der Kopf- und Kleiderläuse sowie die beschriebenen Angepasstheiten die Hypothese stützen, dass der Ursprung von *Homo sapiens* in Afrika liegt, von wo aus er sich vor etwa 100 000 Jahren über die Welt verbreitet hat (Material B und D). (20 Punkte)

Material A: Molekularer Stammbaum der Hominoidea

Die folgende Grafik zeigt die Verwandtschaftsbeziehungen zwischen Menschen und Menschenaffen, basierend auf Berechnungen, die auf der Bestimmung der Aminosäure-Sequenzen von 69 Proteinen, dem Sequenzvergleich und der Auswertung dieser Daten durch geeignete Computerprogramme beruhen:

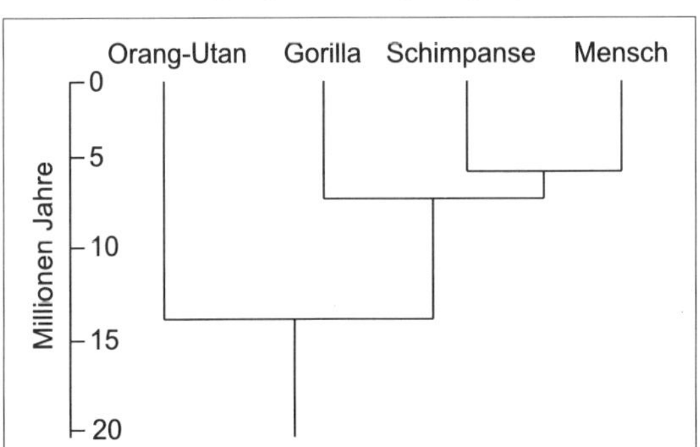

Abb. 1: Molekularer Stammbaum der Hominoidea (Ausschnitt), basierend auf vergleichender Auswertung der Aminosäuresequenzen von 69 Proteinen
verändert nach: Storch, Volker; Welsch, Ulrich; Wink, Michael (2001). Evolutionsbiologie. Springer-Verlag Berlin Heidelberg, Abbildung 5–6, 367

Material B: Parasiten des Menschen: Kopflaus, Kleiderlaus, Filzlaus

Läuse gehören zwar zu den Insekten, besitzen aber weder Flügel noch Facettenaugen. Sie saugen Blut und benötigen Wärme. Ihre letzten Beinglieder bilden zusammen eine Art Zange, mit der sie sich an Haaren oder Fasern anklammern. Die Größe dieser Greifzange entspricht exakt dem Querschnitt der Haare bzw. Gewebefasern, an denen die Läuse leben.

Die Eier der Läuse – „Nissen“ – werden an die Haare bzw. die Fasern der Kleidung geklebt. Die Larve, die daraus schlüpft, ist nach der dritten Häutung fortpflanzungsfähig. Die Infektion der Wirte erfolgt durch Körperkontakt, bei Kleiderläusen über die Kleidung.

Kopfläuse und Kleiderläuse sind untereinander kreuzbar, Filzläuse und Kopfläuse bzw. Filzläuse und Kleiderläuse nicht. Der Wissenschaftler MARK STONEKING vom Max-Planck-Institut Leipzig nimmt an, dass sich die Kleiderlaus aus der Kopflaus entwickelt hat.

In diesem Zusammenhang steht auch, dass sich Menschen in kälteren Regionen durch Kleidung schützen.

Tabelle 1: Außenparasiten des Menschen: Läuse

	Art: *Pediculus humanus*		Art: *Phthirus pubis*
	Unterart: *Pediculus humanus capitis* **Kopflaus**	Unterart: *Pediculus humanus humanus* **Kleiderlaus**	**Filzlaus**
Skizze	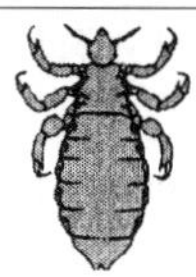	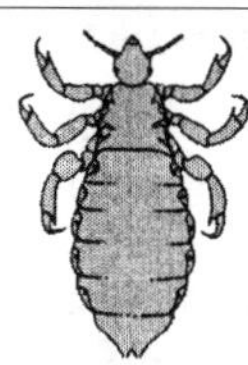	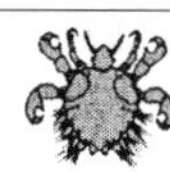
Lebensraum	feine Kopfhaare nahe der Kopfhaut	körpernahe Falten der Kleidung, aber keine Tierhäute (Leder), keine Tierfelle	Augenbrauen, Wimpern, Achselhaare, Schamhaare
Körperlänge	2–3,5 mm	3–4,5 mm	1–1,5 mm
Klauen	sehr fein	kräftig	grob, kräftig
Blutsaugen pro Tag	6- bis 12-mal	zweimal	einmal
Eizahl je Weibchen	150–270	300–400	25

Anheften der Nissen	Kopfhaare	Fasern der Kleiderstoffe	Augenbrauen, Wimpern, Achselhaare, Schamhaare
Überleben ohne Wirt	55 h	bis zu 4 Tage	24 h

Material C: Stammbaum der Primaten-Läuse

Verwandte Tierarten haben häufig verwandte Parasiten: die Stammesgeschichte der Parasiten entspricht der Stammesgeschichte ihrer Wirte – und umgekehrt.

Vor mindestens 25 Millionen Jahren begann die Evolution parasitischer Läuse. Läuse besitzen eine hohe Wirtsspezifität, d. h., sie sind in aller Regel stark auf ihre Wirtsart spezialisiert. Heute ist der Mensch Wirt für drei unterschiedliche Vertreter: Kopflaus, Kleiderlaus und Filzlaus. Die übrigen Hominoiden werden nur von einer einzigen Art besiedelt; der Orang-Utan beherbergt überhaupt keine Läuse.

David Reed von der Universität Florida sammelte unterschiedliche Läuse – von Menschen, Gorillas und Schimpansen. Er analysierte die DNA der Laus-Gene *Cox1* und *EF-1a*. Aus dem Vergleich der Basensequenzen berechnete er den phylogenetischen Stammbaum der Läuse; dabei wies er nach, dass die Gattungen *Phthirus* und *Pediculus* einen gemeinsamen Ursprung besitzen.

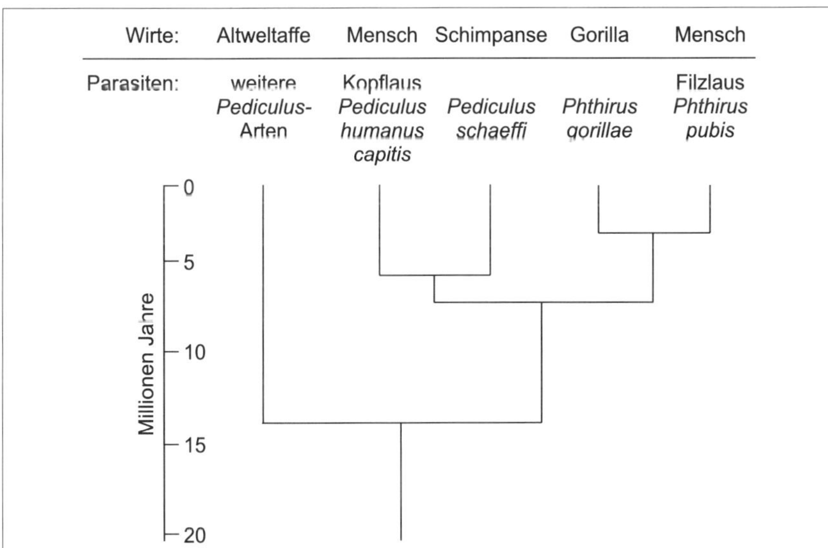

Abb. 2: Verwandtschaftsverhältnisse der Hominoiden-Läuse, die auf der Grundlage der Ergebnisse der Sequenzanalyse der Gene *Cox1* und *EF-1α* ermittelt wurden (Ausschnitt)
verändert nach: David L. Reed / Jessica E. Light / Julie M. Allen / Jeremy J. Kirchman: Pair of lice lost or parasites regained: the evolutionary history of anthropoid primate lice. In: BMC Biol. 2007; 5: 7. doi: 10.1186/1741-7007-5-7. © 2007 Reed et al; licensee BioMed Central Ltd. This is an open-access article distributed under the terms of the Creative Commons Attribution License.

Material D: Sequenzanalyse der DNA von Kopf- und Kleiderläusen

MARK STONEKING, ein Genetiker des Max-Planck-Instituts Leipzig für evolutionäre Anthropologie, und seine Kollegen ermittelten die DNA-Unterschiede für die Gene der Mitochondrien (mtDNA) aus den Zellen von Kopfläusen und Kleiderläusen, die in Afrika und in 12 nichtafrikanischen Ländern in unterschiedlichen Regionen der Welt gesammelt wurden.

Tabelle 2: Basenunterschiede in % bei Kopf- und Kleiderläusen (angegeben werden die Durchschnittswerte)

Vergleich der **mtDNA** ...	... afrikanischer Kopfläuse untereinander	... nicht-afrikanischer Kopfläuse aus 12 Ländern untereinander	... aller Kopfläuse untereinander	... aller Kleiderläuse untereinander
	%	%	%	%
Basenunter-schiede	3,31	1,76	3,42	0,19

Auf der Basis dieser mtDNA-Ergebnisse und der DNA-Analyse von zwei weiteren Kern-Genen der Kleiderlaus berechnete STONEKING, dass die Kleiderlaus sich vor etwa 100 000 Jahren aus der Kopflaus entwickelt hat.

Kittler, Ralf; Kayser, Manfred; Stoneking, Mark (2003). Molecular Evolution of Pediculus humanus and the Origin of Clothing. Current Biology 13/16, Table 1, 1415

weitere Materialgrundlage:

Ashford, R.W. (2000). Parasites as indicators of human biology and evolution. J. Med. Microbiol. 49, 771–772

Bauer, K.; Schreiber, A. (1995). Tricky relatives: Consecutive dichotomous speciation of gorilla, chimpanzee and hominids testified by immunological determinants. Naturwissenschaften 82/11, 517–52

Jahn, A. (2007). In fremden Betten. Wie der Mensch zur Filzlaus kam. Spektrum direkt, http://www.spektrum.de/artikel/867395&_z=798888

Kittler, Ralf; Kayser, Manfred; Stoneking, Mark (2003). Molecular Evolution of Pediculus humanus and the Origin of Clothing. Current Biology 13/16, 1414–1417

Light, J.L.; Toups, M.A.; Reed, D.L. (2008). What's in a name: The taxonomic status of human head and body lice. Molecular Phylogenetics and Evolution 47/3, 1203–1216

David L. Reed / Jessica E. Light / Julie M. Allen / Jeremy J. Kirchman: Pair of lice lost or parasites regained: the evolutionary history of anthropoid primate lice. In: BMC Biol. 2007

Sibley, C.G.; Comstock, J.A.; Ahlquist, J.E. (1990). DNA hybridization evidence of hominoid phylogeny: a reanalysis of the data. J. Mol. Evol. 30/3, 202–236

Richter, J.; Müller-Stöver, I.; Walter, S.; Mehlhorn, H.; Häussinger, D. (2005). Kopfläuse – Umgang mit einer wieder auflebenden Parasitose. Dtsch. Arztebl. 102/36, A-2395/B-2016/C-1909

Weems, H.V.; T.R. Fasulo; T.R. Human Lice (2007). Body Louse, Pediculus humanus humanus Linnaeus and Head Louse, Pediculus humanus capitis. University of Florida, 1–5, http://edis.ifas.ufl.edu/pdffiles/IN/IN26100.pdf

Lösungsvorschlag

In der Aufgabe thematisierte Unterrichtsinhalte sind:
Art und Artbildung, Evolutionshinweise und Evolutionstheorie, Systematik und phylogenetischer Stammbaum der Primaten, Stammbaumanalyse, Analyse von DNA-Sequenzen und Aminosäure-Sequenzen von Proteinen, Parasiten als Belege für Evolutionsprozesse

I.1 *Im ersten Aufgabenteil müssen Sie reproduktiv zum einen die Verbindung von DNA-Sequenz und Aminosäuresequenz deutlich werden lassen und zum anderen die Möglichkeit für eine Veränderung aufzeigen. Anschließend sollten Sie auf die Bedeutung des Sequenz-Vergleichs für die Bestimmung von Verwandtschaftsbeziehungen eingehen. Bei der Beschreibung der Stammbäume ist es u. U. hilfreich, Hilfslinien einzuziehen, damit Sie die Zeit in Mio. Jahren genauer benennen können.*

Der Vergleich der Sequenz von Aminosäuren und DNA-Basen liefert bei genauerer Betrachtung Einsichten über die Abstammung der Organismen untereinander. Grundlage hierfür ist zunächst immer die Erbsubstanz aller höheren Organismen, die DNA. Sie unterliegt spontanen und ungerichteten Veränderungen, welche an die nächsten Generationen weitergegeben werden können. Diese Mutationen sind die Grundlage aller biologischen Evolutionsprozesse auf der Erde. Dabei gilt der Grundsatz, dass zwei Lebewesen desto näher miteinander verwandt sind, je größer die Übereinstimmung in der Sequenz ihrer DNA-Basen ist. Da die Information der DNA in der Proteinbiosynthese mittels Transkription und Translation in Aminosäureketten übertragen wird, gilt diese Verwandtschaftsaussage auch für Proteine. Je größer die Übereinstimmung in der Aminosäuresequenz DNA-codierter Proteine ist, desto näher sind beispielsweise zwei Lebewesen miteinander verwandt. In der Evolutionslehre können auf dieser Basis weitere Aussagen gemacht werden, wenn man den Faktor „Zeit" mitberücksichtigt. Mutationen sind relativ seltene Ereignisse, positive und neutrale Mutationen noch viel seltenere. Die Anzahl der Mutationen innerhalb eines gewissen Zeitraumes kann Auskunft darüber geben, wie nahe zwei Lebewesen miteinander verwandt sind – man spricht auch von der „molekularen Uhr". Je geringer die Anzahl der Mutationen in der DNA ist, in denen sich zwei Lebewesen voneinander unterscheiden, desto weniger Zeit ist verstrichen, seit sie sich aus ihrem letzten gemeinsamen Vorfahren entwickelt haben. Diese Erkenntnisse werden auch für die Ermittlung der Abstammung des Menschen genutzt.
Aus zahlreichen Untersuchungen der Aminosäuresequenz diverser Proteine von Gorilla, Schimpanse, Orang-Utan und Mensch konnte ein molekularer Stammbaum dieser *Hominoidea* erstellt werden, der auf dichotomen Verzweigungen beruht. In Material A verdeutlichen diese gegabelten, jeweils zweigeteilten Verzweigungen des Stammbaums, dass der Mensch und die Menschenaffen einen gemeinsamen Vorfahren hatten. Von diesem Vorfahren spaltete

sich vor ca. 14 Millionen Jahren auf der einen Seite der Orang-Utan und auf der anderen Seite der Vorfahre von Gorilla, Schimpanse und Mensch ab. Damit ist der Orang-Utan der am weitesten vom Menschen entfernte Verwandte unter den *Hominoidea*. Vor ca. 7 Millionen Jahren trennte sich die Linie der Gorillas von der des gemeinsamen Vorfahren der Menschen und Schimpansen ab und vor ca. 6 Millionen Jahren trennten sich schließlich die Linien des Schimpansen und des Menschen. Die Schimpansen stellen somit unsere nächsten lebenden Verwandten unter den *Hominoidea* dar.
Alle *Hominoidea* werden von Ektoparasiten geplagt, besonders von Läusen. Material C zeigt den Stammbaum der Primaten-Läusegattungen *Pediculus* und *Phthirus*. Auch hier verzweigen sich die Verwandtschaftslinien dichotom. Man kann erkennen, dass die Läusegattungen *Pediculus* und *Phthirus*, welche Altweltaffen, Mensch, Schimpanse und Gorilla parasitieren, auf einen gemeinsamen Vorfahren zurückgehen, aus dem sie sich vor ca. 13 Millionen Jahren entwickelt haben. Vor ca. 7,5 Millionen Jahren erfolgte dann die getrennte Weiterentwicklung der Gattungen *Pediculus* und *Phthirus* aus dem gemeinsamen Vorfahren. Die *Pediculus*-Arten, die seitdem nur noch auf Mensch oder Schimpanse leben, trennten sich vor ca. 6 Millionen Jahren und vor ca. 3 Millionen Jahren entwickelten sich aus dem gemeinsamen Vorfahren die Läuse, welche seitdem getrennt Gorilla und Mensch parasitieren.

I.2 *Achten Sie auch hier auf eine saubere Trennung von Vergleich und Deutung. Dies hilft Ihnen, die Materialien sauber zu analysieren. Einige der Erkenntnisse aus dem Vergleich beider Stammbäume sind nicht eindeutig einzuordnen. Hier ist es durchaus legitim Hypothesen aufzustellen und diese auch auf ihre Brauchbarkeit hin einzuschätzen und in ihrem Realitätsbezug (Stichwort: gesicherte Daten) zu hinterfragen.*

In Material C wird auf die Tatsache hingewiesen, dass die Stammesgeschichte der Parasiten derjenigen ihrer Wirte entspricht und umgekehrt. Vergleicht man unter dieser Voraussetzung den Stammbaum der *Hominoidea* mit demjenigen der Primaten-Läuse, so ergibt sich das folgende Bild: Sowohl bei den *Hominoidea* als auch bei den Läusen existiert jeweils eine gemeinsame Stammart, aus der sich dann die heute existierenden Menschenaffen (im weiteren Sinn) bzw. Primaten-Läuse entwickelt haben. Der letzte gemeinsame Vorfahre der *Hominoidea* lebte vor ca. 14 Millionen Jahren, derjenige der Primaten-Läuse vor ca. 13 Millionen Jahren. Der Gorilla und der Vorfahre der späteren *Hominoidea* Mensch und Schimpanse trennten sich von ihrem gemeinsamen Ahnen vor ca. 7 Millionen Jahren. Ähnlich verhielt es sich bei den Läusen: *Pediculus* und *Phthirus* trennten sich vor ca. 7,5 Millionen Jahren. Schimpanse und Mensch entwickelten sich ab einem Zeitpunkt von vor ca. 6 Millionen Jahren getrennt. Bei den entsprechenden *Pediculus*-Arten erfolgte eine Trennung vom gemeinsamen Vorfahren ebenfalls vor ca. 6 Millionen Jahren. Bei der Betrachtung der *Phthirus*-Arten stellt man allerdings fest, dass die Abspaltung vom gemeinsamen Ahnen bei *P. gorillae* (Gorilla) und *P. pubis* (Mensch) erst vor 3 Millionen Jahren erfolgte.

Bei der Deutung beider Stammbäume fallen klar erkennbare Parallelen auf. Grundsätzlich kann dabei festgehalten werden, dass seit etwa 13 Millionen Jahren die Entwicklung der späteren *Hominoidea* und diejenige ihrer Ektoparasiten *Pediculus* und *Phthirus* durch einen koevolutiven Prozess parallel verläuft. So entwickelten sich die beiden Arten *P. humanus capitis* und *P. schaeffi* genau zu dem Zeitpunkt aus ihrem Vorfahren, als sich auch ihre Wirte, Mensch und Schimpanse, aus einer gemeinsamen Stammform entwickelten. Damit kann anhand des hier zur Verfügung stehenden Datenmaterials an diesem Beispiel weitgehend verifiziert werden, dass die Stammesgeschichte der Parasiten derjenigen ihrer Wirte entspricht (und umgekehrt).

Allerdings wirft die Analyse der koevolutiven Prozesse zwischen den *Hominoidea* und ihren Ektoparasiten mehrere Probleme auf, wie z. B. die Entwicklung von *Phthirus pubis*: Der Gorilla entwickelte sich bis vor ca. 7 Millionen Jahren zusammen mit dem Ahnen von Mensch und Schimpanse aus einem gemeinsamen Vorfahren, aber die Aufspaltung von *Phthirus gorillae* und *Phthirus pubis*, der Filzlaus des Menschen, erfolgte erst vor 3 Millionen Jahren. Diese Diskrepanz kann mit den hier verfügbaren Informationen nicht erklärt werden. Überlegungen könnten dahin gehen, dass *Phthirus* vielleicht erst vor ca. 3 Millionen Jahren ein Wirtswechsel ausgehend vom Gorilla hin zum Menschen gelang. Ähnlich spekulativ, wenn auch weniger wahrscheinlich, ist die Annahme, dass der Mensch *Phthirus* und *Pediculus* vom letzten gemeinsamen Ahnen von Gorilla, Schimpanse und Mensch übernommen hat. Dann müssten, legt man den Stammbaum der Primaten-Läuse zugrunde, *Pediculus* beim Gorilla und *Phthirus* beim Schimpansen ausgestorben sein. Diese Überlegung ist in mehrfacher Hinsicht kaum wahrscheinlich. Zum einen widerspricht sie der Aussage des phylogenetischen Stammbaums der *Hominoidea*. Zum anderen wird hier ein mehrfaches Aussterben einzelner Parasiten bei verschiedenen *Hominoidea*-Gruppen postuliert, d.h. es hätte mehrfache, voneinander unabhängige Mutationsereignisse geben müssen. Der Erklärungsansatz, dass die Laus des Gorillas im Menschen einen neuen Wirt gefunden hat, ist deshalb deutlich wahrscheinlicher.

I.3 *Werten Sie zunächst die Tabelle 1 (Material B) vergleichend aus und suchen Sie dort die jeweiligen Angepasstheiten der Parasiten an ihren Lebensraum. Die Sequenzanalyse in Tabelle 2 (Material D) sollte zunächst genutzt werden, um die Verwandtschaft der beiden menschlichen Ektoparasiten zu klären. Anschließend kann dann unter Rückgriff auf beide Materialien der Ursprung des Menschen näher beleuchtet werden.*

Wie andere Organismen auch, sind die hier zu besprechenden Ektoparasiten des Menschen (Material B) optimal an ihren Lebensraum angepasst. Die Angepasstheiten der Kleiderlaus und der Kopflaus zeigen sich auf mehreren Gebieten: Wie ihr jeweiliger Name schon aussagt, leben die beiden Läusearten in unterschiedlichen Habitaten, den Kopfhaaren nahe der Kopfhaut bzw. in körpernahen Falten der Kleidung. Interessanterweise sind Kleiderläuse aber nicht in solchen Kleidungsstücken anzutreffen, die aus Leder (tierische Häute) oder aus Fellen bestehen. Dies deutet darauf hin, dass die Kleiderlaus nicht in direktem Kontakt mit Körperbedeckungen (Fellhaare) oder Körperoberflächen (Häute) leben kann. Umgekehrt findet man *Pediculus humanus capitis* auch nicht in der Kleidung des Menschen. Kopfläuse leben sozusagen „an der Quelle", wo sie ihre Blutmahlzeit einnehmen können. Kleiderläuse haben hierfür eine gewisse – nicht gerade geringe – Distanz zu überwinden, indem sie sich aus der Kleidung heraus an die Körperoberfläche ihrer Wirte begeben. In Anpassung an diese Ausgangslage saugen Kleiderläuse nur durchschnittlich zweimal pro Tag, Kopfläuse hingegen zwischen 6- und 12-mal. Um sich in ihrem jeweiligen Habitat verankern zu können, weisen auch ihre Klammerbeine spezifische Anpassungen auf: Bei der Kopflaus kommt es darauf an, dass deren Greifzangen sich optimal um ein menschliches Haar legen können; bei der Kleiderlaus muss dies für das Umfassen einer Gewebefaser zutreffen. An Haaren bzw. Kleiderfasern werden auch die Eier der Menschenläuse angeheftet, wobei das Weibchen der Kleiderlaus bis zu zweieinhalb Mal so viele Eier legen kann wie eine weibliche Kopflaus. Auch hier zeigen sich Anpassungsprozesse an den Lebensraum. Die Wahrscheinlichkeit, mit der sich Larven der Kleiderlaus in Kleidungsstücken ungestört entwickeln und nach ihrem Schlupf gleich zu einer Blutmahlzeit gelangen können, ist deutlich geringer als bei den Kopfläusen. Diese durchlaufen – im Vergleich zu den Larven der Kleiderläuse – in den Kopfhaaren ihre Entwicklung und können gleich nach dem Schlupf saugen. Schließlich wäre noch die Überlebensdauer der Läusearten ohne direkten Wirtskontakt, d. h. ohne Nahrung und Körperwärme, zu nennen: Während Kleiderläuse bis zu vier Tage ohne Blutmahlzeit überleben und somit einen Kleiderwechsel überstehen können, verkraften Kopfläuse eine Abwesenheit ihres Wirtes nur etwas länger als zwei Tage.

Setzt man nun diese Angepasstheiten von *Pediculus humanus humanus* und *Pediculus humanus capitis* in Beziehung zu der in Material D wiedergegebenen Sequenzanalyse der DNA der menschlichen Ektoparasiten, so ergibt sich das folgende Bild: Mit 3,31 % Basenunterschieden existiert innerhalb der mtDNA afrikanischer Kopfläuse eine stärkere Fluktuation als bei nicht-afrikanischen Kopfläusen mit nur 1,76 %. Dass sich die Kopfläuse außerhalb Afrikas genetisch weniger voneinander unterscheiden als die in Afrika kann damit erklärt werden, dass bei ihnen die Abspaltung von einem gemeinsamen Vorfahren noch nicht so weit zurückliegt. Bei den afrikanischen Kopfläusen konnten also schon mehr Mutationen stattfinden als bei den nicht-afrikanischen. Der letzte gemeinsame Vorfahre der in Afrika vorkommenden Läuse muss folglich älter sein als der nicht-afrikanische. Die Tatsache, dass sich die mtDNA aller in der Studie einbezogenen Kopfläuse untereinander um 3,42 % unterscheidet und damit knapp über dem Wert der Abweichungen innerhalb aller afrikanischen Läuse liegt, lässt außerdem Folgendes vermuten: Da hier die Ergebnisse aller untersuchten Kopfläuse berücksichtigt sind, zeigt dieser hohe Wert an, dass es sich bei *Pediculus humanus capitis* um eine ältere Art handeln muss als bei der Kleiderlaus. Bei ihr liegen die Basenunterschiede in der mtDNA innerhalb der Art nur bei 0,19 %. Es kann somit – auch aufgrund der morphologischen und physiologischen Gemeinsamkeiten beider Läusearten – als gesichert angenommen werden, dass sich die Kleiderlaus aus der Kopflaus entwickelt hat.
Parasiten sind normalerweise sehr wirtsspezifisch, d. h. sie parasitieren nur auf einer Wirtsart. So konnte sich mit den veränderten Lebensumständen des Menschen, die anatomisch und mikroklimatisch angepasste neue Unterart *Pediculus humanus humanus* bilden. Ausgehend von der Überlegung, die bereits im zweiten Aufgabenteil zur Evolution von Parasit und Wirt gemacht wurde, kann aufgrund der Wirtsspezifität auch eine parallele evolutive Entwicklung der Menschenläuse und des Menschen angenommen werden. Laut Material D erfolgte die Entwicklung der Kleiderlaus aus der Kopflaus vor ca. 100 000 Jahren. Dies korrespondiert auffällig mit dem Zeitpunkt, ab dem – nach der Out-of-Africa-Hypothese – die Verbreitung des *Homo sapiens* über die Erde stattfand. Als unsere Vorfahren in kältere Klimazonen einwanderten, bestand die Notwendigkeit, sich bei einem längeren Aufenthalt vor dem Wetter zu schützen. Dadurch verschafften sich die Menschen einen Überlebensvorteil. Durch das Anlegen der Kleidung wurde in unmittelbarer Nähre zur (behaarten) Haut des Menschen ein neuer Lebensraum, eine neue ökologische Nische, geschaffen. Entsprechend präadaptierte Tiere, die zufällig in die Kleidung des Menschen gerieten, konnten dort überleben und sich so der Konkurrenzsituation mit den direkt am Körper lebenden Läusen entziehen. Weitere Mutationen bildeten dann im Laufe der Zeit in dieser spezifischen ökologischen Nische alle jene Angepasstheiten heraus, über welche *Pediculus humanus humanus* heute verfügt.

Grundkurs Biologie (NRW) – Abitur-Prüfung 2009
Aufgabe 2: Genetik

Aufgabenstellung:

Thema: Gendiagnostik am Beispiel von Faktor-V-Leiden

II.1 Erläutern Sie anhand von Material A und Material D, welche Mutation auf dem codogenen Strang der DNA zugrunde liegt, die als Ursache von Faktor-V-Leiden angesehen wird. Begründen Sie den Zusammenhang zwischen molekularer Ursache und Wirkung bei dieser Erbkrankheit. (16 Punkte)

II.2 Erläutern Sie mit Hilfe von Material B das Grundprinzip einer DNA-Gelelektrophorese. Analysieren Sie das Ergebnis in Abbildung 4 und leiten Sie begründet die zugehörigen Genotypen der Personen A, B und C ab. (28 Punkte)

II.3 Erörtern Sie auf der Basis von Material C Argumente, die für oder gegen eine bundesweite vorsorgliche Diagnostik bei Faktor-V-Leiden sprechen, und nehmen Sie Stellung zu diesem Vorhaben. (10 Punkte)

Material A: Information zur Erbkrankheit Faktor-V-Leiden

An der Blutgerinnung sind verschiedene gerinnungshemmende und gerinnungsfördernde Faktoren beteiligt. Ein gerinnungsfördernder Faktor ist Faktor V. Dieses Protein kann aktiviert oder inaktiviert werden. Bei der Inaktivierung wird Faktor V durch das Protein C spezifisch gespalten und dadurch wirkungslos.

Faktor V aktiviert (gesunde Person)

... Ser – Arg – Ser – Leu – Asp – Arg – Arg – Gly – Ile – Gln ...
506

Faktor V inaktiviert (gesunde Person)

Protein C spaltet
↓
... Ser – Arg – Ser – Leu – Asp – Arg – Arg   Gly – Ile – Gln ...
506

Abb. 1: Ausschnitt aus der Aminosäuresequenz von Faktor V vor und nach Spaltung
Witt, Irene (1998). APC-Resistenz (Faktor-V-Mutation). Klinische Bedeutung, Pathophysiologie und Diagnostik. Deutsches Ärzteblatt 95 (38), A: 2316–2323

Bei der Erbkrankheit Faktor-V-Leiden, die nach dem Ort ihrer Entdeckung – der niederländischen Stadt Leiden – benannt wurde, kann Faktor V dauerhaft nicht mehr inaktiviert werden. Betroffene zeigen eine verstärkte Tendenz zur Blutgerinnung, sodass eine erhöhte Gefahr besteht, dass sich ein Blutgerinnsel (Thrombus) bildet.

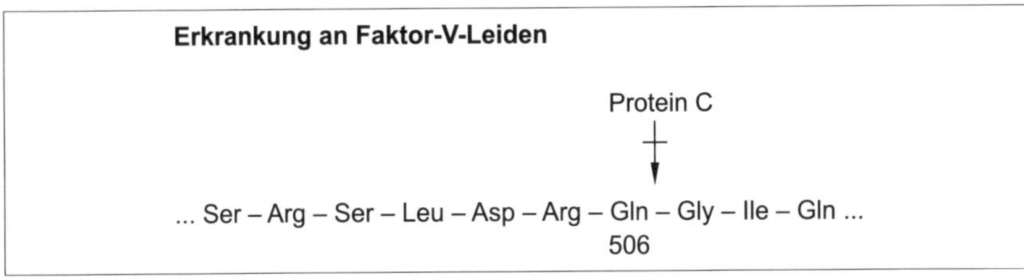

Abb. 2: Ausschnitt aus der Aminosäuresequenz von Faktor V einer erkrankten Person
Witt, Irene (1998). APC-Resistenz (Faktor-V-Mutation). Klinische Bedeutung, Pathophysiologie und Diagnostik. Deutsches Ärzteblatt 95 (38), A: 2316–2323

Material B: Indirekter Nachweis von Faktor-V-Leiden

Der Nachweis von Faktor-V-Leiden erfolgt auf molekulargenetischem Weg:
Ein 267 Basenpaare (bp) umfassendes DNA-Fragment des Faktor-V-Gens wird zunächst mit Hilfe der Polymerasekettenreaktion (PCR) vervielfältigt. Dieses Fragment weist bei Homozygoten, die nicht an Faktor-V-Leiden erkrankt sind, zwei Schnittstellen für das Restriktionsenzym Mnl I auf. Liegt die entsprechende Mutation des Faktor-V-Leidens vor, entfällt *eine* der beiden Schnittstellen.

Die vervielfältigte DNA wird mit Mnl I geschnitten und anschließend mittels Gelelektrophorese aufgetrennt:

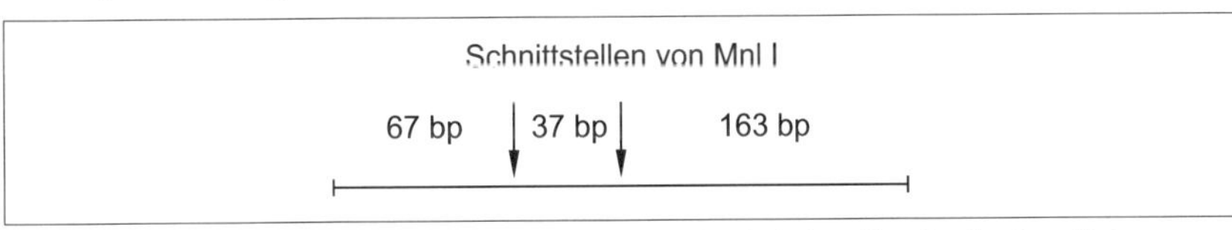

Abb. 3: DNA-Abschnitt des Faktor-V-Gens mit den beiden Schnittstellen für das Restriktionsenzym Mnl I. Die Zahlenangaben geben die Anzahl der Basenpaare (bp) und damit die Länge der entsprechenden Fragmente wieder.
verändert nach: Loew, Andreas und Riess, Hanno (1999). Klinische Bedeutung und Nachweis der APC-Resistenz. Phlebologie 28 (3), 74–80

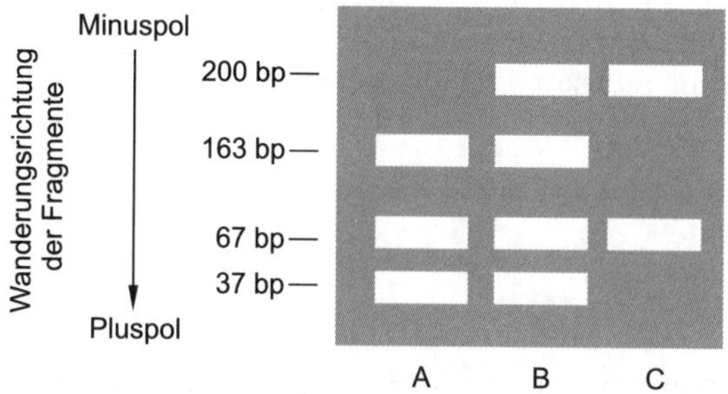

Abb. 4: Ergebnis der Gelelektrophorese bei drei Personen (A, B, C) unterschiedlichen Genotyps

Material C: Thrombosen und Faktor-V-Leiden

Ein Blutgerinnsel (Thrombus) in den oberflächlichen Venen kann zu gesundheitlich meist harmlosen Krampfadern führen. Bei Thrombosen der tiefen Bein- und Beckenvenen besteht allerdings das Risiko, dass sich das Gerinnsel löst. Es fließt dann mit dem Blutstrom durch das Herz in die Lungenarterien und verstopft diese (Lungenembolie). Jährlich sterben 30 000 bis 40 000 Menschen in Deutschland an einer Lungenembolie.

Zu den allgemeinen Risikofaktoren für eine Thrombose zählen neben Rauchen und langem Sitzen (vor allem auf Reisen) folgende Faktoren:

Tabelle 1: Risikofaktoren für Thrombosen

Risiko	**Erhöhung des Risikos für eine Thrombose**
Übergewicht	1- bis 3-fach
Krebserkrankung	5-fach
Schwangerschaft	7-fach
Alter (über 45 Jahre)	10-fach
Östrogentherapie („Pille“)	2- bis 10-fach
Thrombose in der Vergangenheit	50-fach
Chirurgische Eingriffe	5- bis 200-fach

verändert nach: http://www.laborarztpraxis.de/index.php?option=com_content&task=view&id=156 &Itemid=234

Der wichtigste genetische Risikofaktor für Thrombosen ist Faktor-V-Leiden. Etwa 4–6 % der westlichen Bevölkerung sind heterozygote Träger eines Faktor-V-Leiden-Allels, 0,05–0,5 % sind homozygote Träger. Bei heterozygoten Personen ist das individuelle Thromboserisiko 5- bis 10-fach, bei Homozygoten 50- bis 100-fach erhöht. Beim Vorliegen weiterer Risikofaktoren (siehe Tabelle 1) steigt das Gesamtrisiko bei diesen Personen weiter an. So erhöht sich das Thromboserisiko bei homozygoten Trägern und gleichzeitiger Östrogentherapie („Pille“) bis auf das 200-Fache.

Faktor-V-Leiden verursacht selbst keine klinischen Symptome. Erst die Thrombose führt zu Beschwerden. Man setzt dann Medikamente ein, welche die Blutgerinnung hemmen. Die Behandlung dauert mindestens sechs Monate, bei Patienten mit homozygotem Faktor-V-Leiden kann die Behandlungsperiode auch länger sein.

Laborärzte und Kliniken bieten zum Preis von etwa 100 € den in Material B beschriebenen molekulargenetischen Nachweis von Faktor-V-Leiden an.

Material D: Codesonne und Tabelle zum genetischen Code

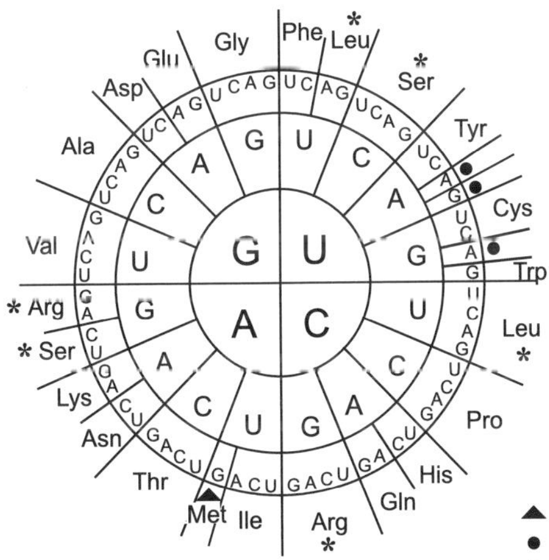

Ala	Alanin	Arg	Arginin
Asn	Asparagin	Asp	Asparaginsäure
Cys	Cystein	Gln	Glutamin
Glu	Glutaminsäure	Gly	Glycin
His	Histidin	Ile	Isoleucin
Leu	Leucin	Lys	Lysin
Met	Methionin	Phe	Phenylalanin
Pro	Prolin	Ser	Serin
Thr	Threonin	Trp	Tryptophan
Tyr	Tyrosin	Val	Valin

▲ Start-Codon
● Stopp-Codon
* zweimal auftretende Aminosäure

Erste Base	Zweite Base				Dritte Base
5'	**U**	**C**	**A**	**G**	**3'**
U	Phe Phe Leu Leu	Ser Ser Ser Ser	Tyr Tyr Stopp Stopp	Cys Cys Stopp Trp	**U** **C** **A** **G**
C	Leu Leu Leu Leu	Pro Pro Pro Pro	His His Gln Gln	Arg Arg Arg Arg	**U** **C** **A** **G**
A	Ile Ile Ile Met (Start)	Thr Thr Thr Thr	Asn Asn Lys Lys	Ser Ser Arg Arg	**U** **C** **A** **G**
G	Val Val Val Val	Ala Ala Ala Ala	Asp Asp Glu Glu	Gly Gly Gly Gly	**U** **C** **A** **G**

weitere Materialgrundlage:

Loew, Andreas und Riess, Hanno (1999). Klinische Bedeutung und Nachweis der APC-Resistenz. Phlebologie 28 (3) 74–80

Witt, Irene (1998). APC-Resistenz (Faktor-V-Mutation). Klinische Bedeutung, Pathophysiologie und Diagnostik. Deutsches Ärzteblatt 95 (38), A: 2316–2323

http://www.laborarztpraxis.de/index.php?option=com_content&task=view&id=156&Ite mid=234 (Zugriff am 20. 06. 2008)

http://www.genekam.de/tex/main/thrombose2.htm (Zugriff am 15. 06. 2008)

Material B:
Abbildung 4: selbst erstellte Abbildung

Lösungsvorschlag

In der Aufgabe thematisierte Unterrichtsinhalte sind:
Molekulare Grundlagen der Vererbung, Replikation, Proteinbiosynthese, Mutationen, PCR und genetischer Fingerabdruck, Gelelektrophorese

II.1 *Bei dieser Teilaufgabe kommt es darauf an, dass Sie Rückschlüsse aus der Aminosäuresequenz auf die zugehörige Nukleotidsequenz der mRNA ziehen. Denken Sie daran, dass die Codesonne von innen nach außen gelesen wird. Anschließend müssen Sie noch den Schritt von der mRNA zur DNA machen. Bevor Sie mit der Analyse des Defektes im „Faktor V" [lies fünf] beginnen, sollten Sie – auch zu Ihrer eigenen Sicherheit – die vorliegenden Verhältnisse in der Aminosäure-Sequenz beschreiben.*

Anhand von Material A kann der Gendefekt, welcher Faktor V-Leiden zugrunde liegt, eindeutig bestimmt werden. Im dargestellten Ausschnitt des Faktor V-Gens (mit der Sequenz der Aminosäuren 500 bis 509) spaltet das Protein C bei einem gesunden Menschen die Aminosäurekette nach der Aminosäure 506 (Arginin) und inaktiviert dadurch seine gerinnungsfördernde Wirkung. Ist eine Person an Faktor-V-Leiden erkrankt, befindet sich anstelle des Arginins in der Aminosäurekette an der Position 506 Glutamin. Dahinter kann das Protein C die Kette nicht spalten. Der gerinnungsfördernde Faktor V kann deshalb nicht inaktiviert werden, wodurch bei den erkrankten Personen eine erhöhte Gefahr für das Auftreten von Blutgerinnseln besteht.
Die molekulare Grundlage dieser Krankheit ist eine Punktmutation, bei der ***eine*** Base eines Tripletts in der DNA gegen eine andere ausgetauscht wird, was bei der Transkription zum Einbau einer anderen Aminosäure in das zu bildende Proteine führt. Arginin kann in der mRNA durch sechs unterschiedliche Tripletts kodiert werden: CGG, CGA, CGC, CGU sowie AGG und AGA. Für Glutamin codieren CAG und CAA. Bei der Suche nach dem korrekten Basentriplett in der mRNA kommen – ausgehend von Glutamin – für eine Substitution einer Base nur die Arginin-Tripletts CGG und CGA infrage. Demnach wurde in der mRNA das Guanin in der zweiten Position gegen Adenin ausgetauscht. Dies lässt für den codogenen Strang der DNA, auf dem die Mutation lokalisiert ist, den Austausch der ursprünglichen Base Cytosin gegen Thymin an der entsprechenden Stelle im Faktor V vermuten. Diese Basensubstitution hat erhebliche Auswirkungen bei der Proteinbiosynthese, in deren Folge das Faktor-V-Protein gebildet wird. Nach der Transkription im Zellkern wird bei der sich an den Ribosomen im Cytoplasma anschließenden Translation an der Position 506 jetzt nicht mehr die Aminosäure Arginin, sondern Glutamin in das fertige Protein eingebaut. Arginin und Glutamin weisen aber unterschiedliche chemische Eigenschaften auf, die sich – bei Wechselwirkung mit benachbarten Aminosäuren – auf die Sekundär- und Tertiärstruktur des fertigen Proteins auswirken können. Dies hat u. U. ein verändertes Aussehen und eine andere sterische Konfiguration des Faktor-V-Proteins zur Folge, wodurch das Protein C die

Aminosäurekette nicht mehr nach der Position 506 spalten kann. Bei den Menschen, die von diesem Gendefekt betroffen sind, bedingt dies eine verstärkte Blutgerinnung. Das wiederum führt dazu, dass bei Betroffenen des Faktor-V-Leiden vermehrt Blutgerinnsel und Thrombosen vorkommen.

II.2 *Achten Sie bei der Aufgabenstellung darauf, dass Sie die Gelelektrophorese „mithilfe von" und nicht „anhand von" Material B erläutern sollen. Dies lässt Ihnen einen gewissen Spielraum bei Ihrer Darstellung. Es ist am besten, Sie legen zunächst das Prinzip der Gelelektrophorese dar und gehen erst danach auf die hier zu berücksichtigenden Einzelheiten ein. Bei der anschließenden Analyse sollten Sie – für jede der drei Proben – zunächst die molekulargenetisch zugrunde liegenden Verhältnisse erklären und anschließend die zu erwartenden Auswirkungen beleuchten.*

Die Gelelektrophorese ist ein analytisches Verfahren, mit dem Molekülgemische in einem elektrischen Feld aufgetrennt werden können. Grundvoraussetzung für die Anwendung dieses Verfahrens ist, dass die zu trennenden Stoffe elektrisch geladene Körper sind, wie z. B. Proteine und Nukleinsäuren. Die Probengemische werden in vorgefertigte längliche Taschen auf einer dünnen Gelplatte gegeben. Bei DNA-Gemischen – wie in diesem Beispiel – wird der Minuspol an den Taschen angelegt, der Pluspol am anderen Ende der Elektrophoreseplatte. Je nach Größe und Art ihrer Ladung wandern die einzelnen Moleküle nun im angelegten elektrischen Gleichspannungsfeld unterschiedlich schnell im Gel: Je kleiner ein Molekül ist, desto schneller wandert es im elektrischen Feld; bei unterschiedlichen Probengemischen wandern z. B. gleich große DNA-Bruchstücke im selben Zeitraum gleich weit im Gel. So können mehrere, nebeneinander aufgetragene Proben getrennt und anschließend miteinander verglichen werden.
Die Gelelektrophorese, welche zum indirekten Nachweis des Faktor-V-Leiden benutzt wird, verwendet ein Fragment aus dem Faktor-V-Gen. Dieses Teilstück wird vor der gelelektrophoretischen Auftrennung mit einem spezifischen Restriktionsenzym (Mnl I) behandelt. Wie die Abbildungen 3 und 4 zeigen, spaltet Mnl I das 267 bp große Fragment entweder in drei Teilstücke (37, 67 und 163 bp – intakter Faktor V) oder nur in zwei Teilstücke (67 und 200 bp – Faktor-V-Leiden) auf, da bei erkrankten Personen durch Mutation eine Schnittstelle verloren gegangen ist. Aus Abbildung 4 geht hervor, dass die beiden Fragmente bei einer kranken Person eine Größe von 67 und 200 Basenpaaren haben müssen. Damit ist klar ersichtlich, dass Person C, bei der im Elektrophoresebild nur zwei Banden (bei 67 und 200 bp) vorliegen, die mutierte Form des Faktor-V-Gens besitzt. Da keine weiteren Banden ersichtlich sind, müssen beide Faktor-V-Gene auf den homologen Chromosomen von der Mutation betroffen sein, Mnl I konnte hier nur zwei Fragmente erzeugen. Die Person ist also homozygot erkrankt. Durch die Existenz von zwei DNA-Teilstücken bei Person C nach der Behandlung mit dem Restriktionsenzym ist zudem erwiesen, dass die Mutation, welche Faktor-V-Leiden verursacht, die Schnittstelle zwi-

schen den ursprünglichen Basenpaar-Fragmenten 37 und 163 betrifft. Person A weist demgegenüber drei Fragmente auf, deren Längen exakt mit denen übereinstimmen, die in Abbildung 3 für die gespaltenen nicht mutierten Faktor-V-Gen-Stücke angegeben sind. Demnach ist die DNA der Person A homozygot frei vom Gendefekt Faktor-V-Leiden. Das Restriktionsenzym konnte an beiden Schnittstellen ansetzen. Bei der Person B sind nach der Gelelektrophorese insgesamt vier Banden mit einer Länge von 37, 67, 163 und 200 bp zu erkennen. Dies deutet darauf hin, dass die DNA der Person B sowohl das mutierte Gen für Faktor-V-Leiden aufweist, als auch den nicht mutierten Faktor V. Nur im heterozygoten Zustand können neben dem 67 bp großen Fragmenten Teilstücke von 200 bp **zusammen mit** 37- und 163 bp-Fragmenten vorkommen.

II.3 *Die Operatoren „Erörtern“ und „Stellung zu einem Sachverhalt nehmen“ fallen unter die anspruchsvollste Kategorie bei der Bearbeitung von Aufgaben. Sie sollten in dieser Teilaufgabe klar Position beziehen. Dabei kommt es nicht darauf an, dass Sie die Meinung Ihrer Lehrperson treffen, vielmehr sollten Sie, wie im folgenden Lösungsvorschlag, beide Seiten mit tragenden Argumenten ansprechen. Falls Sie sich am Ende Ihrer Darstellung zu keiner Pro- oder Contra-Entscheidung durchringen können, ist dies nicht problematisch. Sie sollten dann aber in zwei bis drei Sätzen erklären, warum Ihnen eine definitive Entscheidung nicht möglich ist.*

Material C enthält Grundinformationen über einen möglichen Zusammenhang zwischen Thrombosen und Faktor-V-Leiden. Angesprochen werden bestimmte Risikofaktoren für eine Thrombose-Entstehung und die Erhöhung des Thromboserisikos durch diese Faktoren bzw. eine genetische Vorbelastung durch Faktor-V-Leiden. Darüber hinaus werden Aussagen zu dem Krankheitsbild, welches einen Thrombus anzeigt, und zur Sterblichkeitsrate bei Lungenembolie in der Bundesrepublik gemacht. Vor allem diese Sterblichkeitsrate beim Auftreten eines Blutgerinnsels in der Lunge (30–40.000 Menschen jährlich) lässt die Frage aufkommen, ob Menschen, die Faktor-V-Leiden in sich tragen, ihr persönliches Risiko nicht minimieren könnten, indem sie rechtzeitig über ihren Gendefekt informiert werden. Mit diesem Wissen könnten weitere Risikofaktoren gezielt minimiert werden, die – in Kombination mit Faktor-V-Leiden – zu einer Thrombose führen könnten (siehe Tabelle 1). Zu diesem Zweck wäre es sinnvoll, eine bundesweite vorsorgliche Diagnostik in Bezug auf Faktor-V-Leiden durchzuführen. Vor allem für Familien, in denen vermehrt Erkrankungen durch Blutgerinnsel, z. B. Thrombosen in den oberflächlichen Venen, auftreten wäre dies ratsam. Es könnte geklärt werden, ob das gehäufte Auftreten von Thrombosen auf eine genetische Prädisposition zurückzuführen ist. Besonders für weibliche Mutationsträger wäre diese Information wertvoll, da sie – bei Einnahme von östrogenhaltigen Ovulationshemmern („Pille“) – ein deutlich erhöhtes Thrombose-Risiko tragen, vor allem, wenn Faktor-V-Leiden bei ihnen in homozygoter Form vorliegt. In all diesen Fällen könnte beim Auftreten kli-

nischer Symptome sofort eine entsprechende medikamentöse Behandlung mit blutverdünnenden Mitteln verordnet werden, da die wahrscheinliche Ursache der Erkrankung bereits bekannt ist.
Auf der anderen Seite ist ein Screening der gesamten Bevölkerung auf das Vorkommen von Faktor-V-Leiden, bei 100 € pro Untersuchung, nicht nur eine sehr teure Angelegenheit, die Träger des mutierten Faktor-V-Gens sind im Normalfall auch beschwerdefrei. Ihre Erbkrankheit beinhaltet für die betroffenen Personen lediglich ein erhöhtes Risiko für die Entstehung von Blutgerinnseln. Die wirklich problematischen Fälle bei Faktor-V-Leiden treten nur bei homozygoten Trägern auf und deren Anteil an der Gesamtbevölkerung ist mit 0,05 bis 0,5 % äußerst gering. Hinzu kommt, dass ein genetisches Screening der gesamten Bevölkerung Datenschutzprobleme aufwirft. Es wäre vernünftiger bei entsprechenden Anzeichen einer entsprechenden Erbkrankheit in der Familiengeschichte (s. o.), einer individuellen Lösung den Vorzug zu geben.

Grundkurs Biologie (NRW) – Abitur-Prüfung 2009
Aufgabe 3: Ökologie

Aufgabenstellung:

Thema: Die Wahnbachtalsperre

III.1 Beschreiben Sie die Entwicklung der Gewässerbelastung der Talsperre und ihrer Zuflüsse in den Jahren 1954 bis 2002 und erläutern Sie die Auswirkungen der Phosphoreliminierungsanlage sowie der anderen Maßnahmen auf die Bedingungen im Wasserkörper der Talsperre (Material A und B). (21 Punkte)

III.2 Stellen Sie anhand eines Pfeildiagramms eine Nahrungskette des Ökosystems Wahnbachtalsperre dar. Erläutern und beurteilen Sie die Auswirkungen des Einsatzes von Raubfischen auf die Wasserqualität für die Trinkwasseraufbereitung (Material C). Beurteilen Sie im Vergleich dazu die Maßnahme der Jahre zuvor, bei der der Besatz mit Blaufelchen im Vordergrund stand. (22 Punkte)

III.3 Erläutern Sie die Vorgänge im Tiefenwasserbereich der Talsperre im Sommer. Stellen Sie begründet dar, warum das Ablassen von Tiefenwasser aus der Talsperre eine Möglichkeit darstellt, ein Umkippen des Wasserkörpers der Talsperre zu vermeiden (Material D). (11 Punkte)

Material A: Informationen zur Wahnbachtalsperre

Die Wahnbachtalsperre wurde 1954–1958 zur Sicherung der Trinkwasserversorgung des Bonn/Siegburger Raumes gebaut. Das Stauvolumen beträgt 40,9 Mio. m^3, der Zufluss der Talsperre im langjährigen Mittel 38,8 Mio. m^3/Jahr. Die Talsperre hat eine Tiefe von maximal 46 m.

Das Einzugsgebiet gehört zur Ballungsrandzone des Rheintales und ist verhältnismäßig dicht besiedelt. Es wird zur Hälfte landwirtschaftlich genutzt, wobei die Grünlandnutzung mit Milchviehwirtschaft deutlich vorherrscht. Ackernutzung erfolgt nur auf 7 % der landwirtschaftlichen Flächen. Die bebaute Siedlungsfläche umfasst 25 %. Der Waldanteil um den Stausee und in dessen Einzugsbereich beträgt ebenfalls 25 %.

Die landwirtschaftliche Nutzung führt wegen der besonderen morphologischen und geologischen Situation sowie den häufig auftretenden Starkniederschlägen vor allem durch Abschwemmung und Erosionsprozesse zu Einträgen von Stoffen und Mikroorganismen in die oberirdischen Gewässer. Hier hat insbesondere der Eintrag von Phosphorverbindungen (Phosphatverbindungen) in den ersten 5 Jahren nach dem Einstau der Talsperre zu einer Massenvermehrung von Algen geführt.

Rund um die Talsperre befinden sich viele kleine Bäche, wie z. B. der Sieferbach und der Alzenbach, deren Wasser direkt in die Talsperre fließt. Im Norden gelangt das Wasser des Wahnbachs, der eigentliche Hauptzufluss zum Stausee, in die Talsperre. Ihm entstammen 85 % des zufließenden Wassers und 90 % des Stoffeintrags in die Talsperre.

Das Wasser des Wahnbachs gelangt zunächst in ein Vorbecken, das der eigentlichen Talsperre vorgebaut ist. Hier wird das Wasser aus dem Zufluss gestaut. 1977 wurde eine Phosphoreliminierungsanlage (PEA) in Betrieb genommen. Seitdem strömt das Wasser des Vorbeckens nicht mehr direkt in das Hauptbecken, sondern wird vorher in die Phosphoreliminierungsanlage (PEA) gepumpt und dort aufbereitet, bevor es in das Hauptbecken des Stausees geleitet wird.

Seit 1989 wurden zusätzliche Maßnahmen zur Gewässer schonenden Landwirtschaft, wie etwa Winterbegrünung als Schutz vor Bodenerosion oder Verbesserung der Technik zur Ausbringung von Dünger wie Gülle oder Mist, umgesetzt, um die Einträge zu verringern.

Material B: Phosphor-Eintrag P_{Gesamt} in den Jahren 1960 bis 2005 (vereinfacht)

Tabelle 1: Phosphor-Eintrag P_{Gesamt} in µg/ℓ

Jahr	Phosphor-Eintrag im Wasser des Wahnbaches	Phosphor-Eintrag im Wasser aus dem Ablauf der PEA in das Hauptbecken der Talsperre	Phosphor-Eintrag im Wasser aus dem Sieferbach, einem direkten Zufluss zum Hauptbecken der Talsperre	Phosphor-Eintrag im Wasser aus dem Alzenbach, einem direkten Zufluss zum Hauptbecken der Talsperre
1960	65 µg/ℓ			
1965	92 µg/ℓ			
1970	90 µg/ℓ			
1975	190 µg/ℓ			
1979	150 µg/ℓ	unter 5 µg/ℓ		
1985	105 µg/ℓ	unter 5 µg/ℓ	170 µg/ℓ	148 µg/ℓ
1990	110 µg/ℓ	unter 5 µg/ℓ	145 µg/ℓ	125 µg/ℓ
1995	75 µg/ℓ	unter 5 µg/ℓ	80 µg/ℓ	151 µg/ℓ
2000	85 µg/ℓ	unter 5 µg/ℓ	70 µg/ℓ	75 µg/ℓ
2002	65 µg/ℓ	unter 5 µg/ℓ	70 µg/ℓ	80 µg/ℓ
2005		unter 5 µg/ℓ	40 µg/ℓ	60 µg/ℓ

Material C: Organismen in der Wahnbachtalsperre

18 Fischarten wurden in der Wahnbachtalsperre nachgewiesen. Brassen, Rotaugen und Barsche sind natürlicherweise über die Nebenbäche eingewandert, andere Fischarten wurden in der Talsperre angesiedelt, in den sechziger Jahren z. B. Blaufelchen (Friedfische), deren Population in den darauf folgenden Jahren stark anstieg. So lag der Besatz mit Felchenbrut 1965 bei einer Stückzahl von ca. 1 000 000. Sie gelten als guter Speisefisch.
Blaufelchen ernähren sich von Zooplankton und bevorzugen tiefe, sauerstoffreiche Seen.

Heute wird vor allem der Raubfischbestand gefördert, indem man Hecht, Zander und die Seeforelle, die als natürliche Feinde des Blaufelchens gelten, aussetzt. Der Besatz mit Hechten lag 1965 bei einer Stückzahl von unter 50 und in 2002 bei einer Stückzahl von ca. 20 000.

Im Zooplankton sind u. a. Wasserflöhe (Daphnien) vorhanden, die sich bevorzugt von Algen der Größe 2–30 Mikrometer (kleine Algen) ernähren.
Im Phytoplankton befinden sich kleine Algenzellen der Größe 2–30 Mikrometer, die nur langsam im Wasser sinken und sich schnell vermehren. Andere Algen bilden Zellkolonien (Sterne oder Zellketten) aus und bewirken so, dass sie zu sperrig für die Wasserflöhe sind und deshalb weniger gefressen werden. Sie werden als große Algen bezeichnet.

Große Algen können im Gegensatz zu kleinen Algen bei der Trinkwasseraufbereitung besser aus dem Wasser entfernt werden.

Die folgende Tabelle zeigt zusammenfassend, welche Fischarten in den Jahren 1965 und 2002 ausgesetzt wurden (Besatz).

Tabelle 2: Wandel der Besatzmaßnahmen (vereinfacht)

Fischart	**1965**	**2002**
Blaufelchen (Brut)	81,5 %	
Karpfen	8 %	1 %
Hecht	7 %	48 %
Regenbogenforelle	2 %	
Seeforelle	1,5 %	34 %
Zander		17 %

Material D: Vergleich Talsperre und See

Talsperren sind Seen viel ähnlicher als Fließgewässer. Ökologisch ähneln sie dem Typ des thermisch geschichteten Sees. Dies ist ein See, bei dem im Sommer unterschiedliche Temperaturen in den verschiedenen Tiefen vorliegen, die die Sommerstagnation verursachen.

An der Staumauer einer Talsperre kann Tiefenwasser abgelassen werden.

weitere Materialgrundlage:
wahnbachtalsperre-staumauer-steinmann-institut-uni-bonn-kfs.pdf
http://www.wahnbach.de
http://www.niederrhein.nrw.de/sieg/kap_4/index2.html
http://www.wahnbachtalsperrenverband.de/fileadmin/pdf/WTVPdf/dokument wag 33-64.pdf
http://www.wahnbachtalsperrenverband.de/fileadmin/pdf/WTVPdf/dokument wag 65-96.pdf
Material A – D:
Eigene Zusammenstellung aus den angegebenen Quellen

Lösungsvorschlag

In der Aufgabe thematisierte Unterrichtsinhalte sind:
Umweltfaktoren Wasser und Phosphat, ökologische Nische, Stehende Gewässer, Zonierung, Eutrophie, Methoden der Bestandsaufnahme, Nahrungsbeziehungen und ihre grafische Darstellung, nachhaltige Nutzung eines Gewässers durch den Menschen

III.1 *Bei der Bearbeitung der ersten Teilaufgabe kommt es zunächst darauf an, den in Material A vorgegebenen Text zu bearbeiten und anschließend die Wertetabelle aus Material B für Ihre Darstellung mit heranzuziehen. Hierbei sollten Sie – für Ihre spätere Beschreibung – die für die Aufgabenstellung relevanten Schlüsselbegriffe bzw. Textpassagen mit einem Textmarker hervorheben. Ein einleitender Abschnitt, der die Verhältnisse an der Wahnbachtalsperre kurz darlegt, kann einen Einstieg in Ihre Darstellung erleichtern. Zu bemerken bleibt, dass anstelle des in Material B verwendeten Begriffs „Phosphor-Eintrag" besser von Phosphat-Eintrag gesprochen werden sollte.*

Die im Jahr 1958 fertiggestellte Wahnbachtalsperre sichert in der Ballungsrandzone Bonn/Siegburg die Versorgung der Bevölkerung mit Trinkwasser. Sie wird von mehreren Zuflüssen gespeist, von denen der Wahnbach der wichtigste ist. Er mündet in ein Vorbecken, welches der Talsperre vorgebaut ist. Weitere Zuflüsse – wie der Siefer- und der Alzenbach – münden direkt in die Talsperre.

Mit dem Wasser der Zuflüsse werden zwangsläufig diverse Stoffe sowie Mikroorganismen in das Vorbecken bzw. die Talsperre eingetragen, die das Wasser belasten. So wird aufgrund der landwirtschaftlichen Nutzung (Grünlandnutzung und Milchviehhaltung) und infolge der klimatischen Besonderheit (häufige Starkniederschläge) der Boden abgeschwemmt. Weitere Erosionsprozesse führten dazu, dass innerhalb der ersten fünf Jahren nach Füllung der Talsperre in den oberirdischen Zuflüssen vermehrt Phosphatverbindungen in das Wasserreservoir gelangten, die zu einer Massenvermehrung von Algen führten. Der Phosphat-Eintrag der diversen Zuflüsse war dabei unterschiedlich hoch. In das Vorbecken gelangten 1960 mit dem Wasser des Wahnbaches insgesamt 65 µg Phosphat pro Liter. Die Menge steigerte sich bis 1975 auf 190 µg/ℓ. Bis zum Jahr 2002, aus dem der letzte vorhandene Messwert stammt, fiel dieser Wert wieder auf das Niveau von 1960. Der deutliche Abfall des Phosphat-Eintrags in das Vorbecken der Wahnbachtalsperre ist damit zu erklären, dass ab 1989 mehrere Maßnahmen in der Landwirtschaft ergriffen wurden, um die Belastung des Wasserreservoirs mit Stoff-Einträgen insgesamt zu reduzieren. Zum einen wird im Text die „Verbesserung der Technik zur Ausbringung von Dünger wie Gülle oder Mist“ genannt. Zum anderen wurde durch Winterbegrünung die Bodenerosion vermindert. Nicht nur die Wasserqualität des Wahnbachs, sondern auch die des Alzenbachs und des Sieferbachs, der beiden direkten Zuflüsse in die Talsperre, waren davon betroffen. 1985 betrug ihr Phosphat-Eintrag zusammen noch 318 µg/ℓ. Bereits zehn Jahre später hatte er sich auf 231 µg/ℓ reduziert und im Jahr 2005, aus dem der letzte Messwert vorliegt, war der Eintrag von Phosphat auf 100 µg/ℓ zurückgegangen. Ab 1977 konnte die Phosphatbelastung des Talsperrenwassers durch eine weitere Maßnahme deutlich vermindert werden. In diesem Jahr wurde eine Phosphoreliminierungsanlage (PEA) in Betrieb genommen wurde, welche den Phosphat-Eintrag aus dem Vorbecken in das Hauptbecken der Talsperre drastisch verminderte. Mit dem Wasser des Wahnbachs gelangten nun weniger als 5 µg Phosphat pro Liter in die Talsperre. Die Aufbereitung des Wassers in der PEA und das damit verbundene verringerte Nährstoff Angebot für die Algen im Talsperrenbecken, wirkte sich vermutlich dahingehend aus, dass es zu einem verminderten Algenbewuchs kam. Ebenso wirkten sich auch die oben beschriebenen Maßnahmen der Gewässer schonenden Landwirtschaft aus.

III.2 *Bei der von Ihnen zu erstellenden Nahrungskette sollten Sie auch fischereibiologische Interessen des Menschen berücksichtigen. Ausgehend von diesen Nahrungsverhältnissen können Sie dann die Auswirkungen der menschlichen Eingriffe auf die Wasserqualität der Wahnbachtalsperre darlegen und hinterfragen.*

Die Nahrungsverhältnisse im Ökosystem Wahnbachtalsperre können mit dem folgenden Pfeildiagramm in Form einer Nahrungskette dargestellt werden:

Produzent	*Konsument I. Ordnung*	*Konsument II. Ordnung*	*Konsument III. Ordnung*	*End-konsument*
Algen →	Zooplankton →	Friedfische →	Raubfische →	Mensch

(Friedfische → Mensch)

Ausgehend von diesen Nahrungsverhältnissen kann der Einsatz von Raubfischen im Hinblick auf die Qualität des Wassers in der Wahnbachtalsperre folgendermaßen beurteilt werden: Raubfische sind Konsumenten III. Ordnung. Sie ernähren sich von dem Glied in der Nahrungskette, das ihnen vorgeschaltet ist, den Friedfischen als Konsumenten II. Ordnung. Die Nahrungsgrundlage dieser bilden wiederum die Konsumenten I. Ordnung, das Zooplankton (z. B. Wasserflöhe). Eine deutliche zahlenmäßige Verminderung der Friedfische durch die Konsumenten III. Ordnung führt in einer solchen Nahrungskette dazu, dass sich auch die Anzahl des Zooplanktons verändert: Werden die Konsumenten I. Ordnung nicht mehr von den Friedfischen gefressen, können sich z. B. die Wasserflöhe stark vermehren und ihrerseits die Anzahl kleinerer Algen (2–30 µm) stärker dezimieren. Dies hat eine positive Auswirkung auf die Wasserqualität, besonders weil kleinere Algen bis zu einer Größe von 30 µm (im Vergleich zu größeren, Kolonien und Zellketten bildenden Algen) bei der Trinkwasseraufbereitung sonst nur mit erhöhtem Aufwand aus dem Talsperrenwasser entfernt werden können. Insofern ist die Bestückung der Wahnbachtalsperre mit Raubfischen wie Hecht, Zander und Seeforelle – im Hinblick auf die Wasserqualität – eine sehr sinnvolle Maßnahme. Im Vergleich hierzu war der Einsatz von Friedfischen in den 1960er Jahren geradezu kontraproduktiv. Friedfische wie die Blaufelchen haben Zooplankton als direkte Nahrungsgrundlage und dezimieren so z. B. die Wasserflöhe. Wenn diese als Konsumenten der kleinen Algen ausfallen, verschlechtert sich wiederum die Wasserqualität deutlich. Im Hinblick auf eine gute Qualität des Trinkwassers, das aus der Wahnbachtalsperre gewonnen werden soll, ist die Vermehrung des Speisefisches Blaufelchen keine geeignete Maßnahme.

III.3 *Die Aufgabenstellung erfordert eine Reorganisation Ihres Wissens über die Verhältnisse in einem See im Jahresverlauf, speziell der Begriffe „thermische Schichtung“ und „Sommerstagnation“ sowie Kenntnisse über Destruenten und die Möglichkeit, das Umkippen eines Sees zu verhindern.*

Der Tiefenwasserbereich einer Talsperre ist prinzipiell mit dem eines Sees vergleichbar. Entsprechendes gilt auch für thermische Schichtungen in einer Talsperre. Im Sommer tritt eine Stagnation ein während der keine Durchmischung der Wassermassen innerhalb der Talsperre stattfindet. Das mit 4 °C kälteste Wasser der Talsperre befindet sich – bedingt durch die Dichteanomalie – am Grund. Dort gibt es Destruenten, aerobe Bakterien, die abgesunkenes organisches Material abbauen. Mithilfe von Sauerstoff zersetzen sie durch Biologische Oxidation Tierleichen und abgestorbene Pflanzen in Nährsalze sowie Kohlenstoffdioxid und gewinnen aus diesem Abbauprozess Energie. Je nach Menge des zersetzten organischen Materials kann es dabei zu einer deutlichen Verminderung des Sauerstoffgehalts im Tiefenwasserbereich kommen. Dies ist problematisch, weil ein vollständiger Abbau des organischen Materials ohne Sauerstoff nicht möglich ist und, z. B durch das Entstehen von Fäulnisgasen, ein „Umkippen“ des Wasserkörpers eintreten kann. Im Gegensatz zu einem See, kann dies bei einer Talsperre aber leicht verhindert werden, denn es besteht die Möglichkeit, an der Staumauer Tiefenwasser (beispielsweise in einen nachgeschalteten Ausgleichsweiher) abzulassen. Auf diese Art und Weise kann nährstoffreiches sauerstoffarmes Wasser aus den Tiefenbereichen der Talsperrenbeckens abgelassen werden. Durch das Entfernen dieser Wasserschicht können darüber gelagerte Wassermassen nachströmen, wodurch wieder sauerstoffreiches Wasser in den Tiefenbereich der Talsperre gelangt und der aerobe Abbau des organischen Materials durch die Destruenten erfolgen kann.

Aufgabenstellung:

Thema: Vegetationsuntersuchungen in einer Heidelandschaft

III.1 Fassen Sie die Ergebnisse der Untersuchung des Bodenwassergehaltes zusammen und deuten Sie die Bodenwasserverhältnisse im Jahresverlauf in den vier Kleinlebensräumen der Senne unter Berücksichtigung biotischer und abiotischer Umweltfaktoren (Material A). (16 Punkte)

III.2 Beschreiben Sie die Ergebnisse der Minirhizotron-Experimente in Material C (Abbildung 4) und erläutern Sie die Begriffe „interspezifische Konkurrenz" und „ökologische Potenz". Deuten Sie in diesem Zusammenhang die Ergebnisse der Minirhizotron-Experimente. Vergleichen Sie die Aussagekraft von Reinkultur-und Mischkulturexperimenten auf allgemeiner Ebene. (26 Punkte)

III.3 Stellen Sie auf der Basis der Untersuchungen und Daten in Material B und der Minirhizotron-Experimente in Material C eine Hypothese darüber auf, warum der Anteil von *Carex arenaria* in der Vegetationsdecke von 1995 bis 1997 zurückgegangen ist, und darüber, wie sich der Anteil in den darauffolgenden Jahren bis 2000 entwickelt haben könnte. (12 Punkte)

Material A: Allgemeine Informationen zur Vegetation der Senne, einer Heidelandschaft bei Bielefeld

Die Senne ist eine Landschaft am südwestlichen Rande des Teutoburger Waldes, deren Böden aus bis zu 60 Meter dicken Sandschichten bestehen.

Als Ergebnis der langen Nutzungsgeschichte durch den Menschen ist die Senne eine kleinräumig strukturierte Kulturlandschaft geworden. Viele verschiedene Lebensräume liegen teilweise auf engem Raum nebeneinander. Trotz dieser Vielzahl unterschiedlicher Lebensräume denken viele Menschen bei dem Wort „Senne" zuerst an große Heidekrautflächen. Die historische Heidelandschaft besteht aber nicht nur aus Flächen mit Heidekraut. Neben kleinen Gehölzgruppen, feuchten Senken und Kleinmooren prägen vier Kleinlebensräume das Landschaftsbild:

- offene Sandflächen ohne Vegetation,
- Flächen mit Pioniergesellschaften,
- trockene Graslandschaften,
- Heidekrautflächen.

Das Heidekraut ist ein Zwergstrauch, der meist bis zu etwa 40 cm hoch wird.

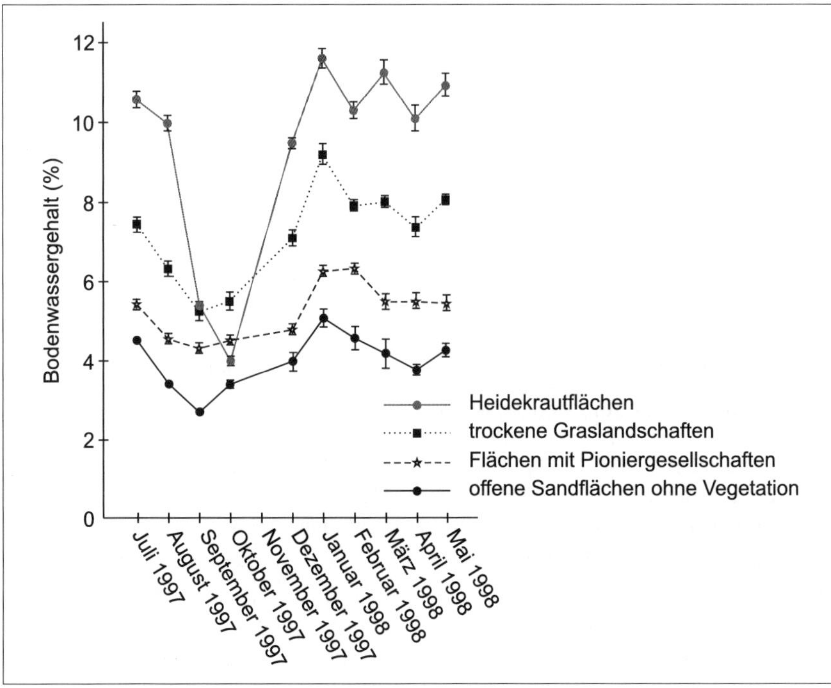

Abb. 1: Bodenwassergehalt in % in den vier Kleinlebensräumen (siehe oben) von Juli 1997 bis Mai 1998

verändert nach: Weigelt, Alexandra, Röttgermann, Mathias, Steinlein, Thomas, Beyschlag, Wolfram (2000). Influence of water availability on competitive interactions between plant species on sandy soils, Folia Geobotanica 35, S. 173.

Material B: Veränderungen in der Vegetationsdecke der trockenen Graslandschaften

Wissenschaftler der Universität Bielefeld beobachteten die artenarmen, trockenen Graslandschaften der Senne und stellten fest, dass zwei Arten dominieren: *Carex arenaria* und *Deschampsia flexuosa*. Messungen der Vegetationsdecke von 1995 bis 1997 zeigten: *D. flexuosa* wies eine konstante Deckung von etwa 5 % über die gesamte Zeit auf. Bei *C. arenaria* nahm der Deckungsgrad von über 10 % in 1995 auf etwa 2,5 % in 1997 ab. Insgesamt wurde *C. arenaria* oft an feuchteren Stellen gefunden, während *D. flexuosa* eher auf trockeneren Flächen zu finden war.

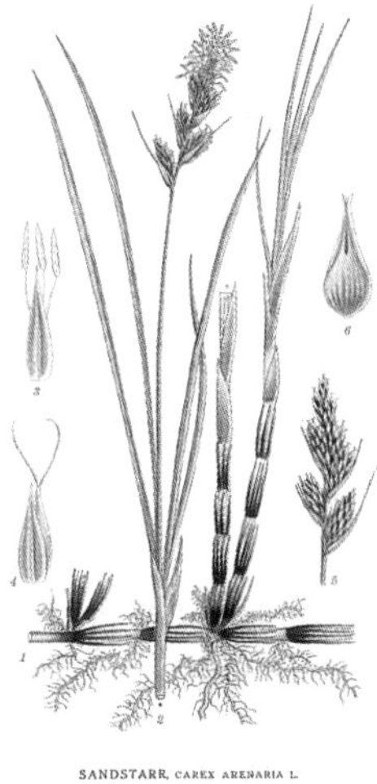

Abb. 2: *Carex arenaria (Cyperaceae)*
= Sandsegge (Sauer-, Riedgräser)
© Dr. Gerhard Keuck, Frankfurt (2009)
http://caliban.mpiz-koeln.mpg.de/~stueber/lindman/432.jpg

Abb. 3: *Deschampsia flexuosa (Poaceae)*
= geschlängelte Schmiele, auch: Drahtschmiele (Süßgräser)
http://eppcapps.ky.gov/nprareplants/images%5Csp_line%5CPMPOA22090.jpg

Tabelle 1: Jahresniederschläge in Rietberg

Rietberg ist die der Senne nächstgelegene Wetterstation des Deutschen Wetterdienstes (etwa 20 km von der Senne entfernt in etwa gleicher Höhenlage). Der allgemeine Trend dieser Werte kann auch für die Senne gelten.

Jahr	Jahresniederschläge in mm
1992	793
1993	913
1994	928
1995	800
1996	645
1997	623
1998	978
1999	798
2000	827

Deutscher Wetterdienst, persönliche Mitteilung (09. 05. 2008)

Material C: Minirhizotron-Experimente mit *C. arenaria* und *D. flexuosa*

Das Wachstum von *C. arenaria* (Abbildung 2) und *D. flexuosa* (Abbildung 3) wurde in sogenannten Minirhizotron-Experimenten im Labor unter konstanten Bedingungen (Licht, Temperatur und Luftfeuchtigkeit) und gleichem Nährstoffgehalt bei Versuchsbeginn untersucht.

Als Ausgangsmaterial wurden Rhizome verwendet (unterirdische Pflanzenteile, aus denen sich die ganze Pflanze regenerieren kann). In einer mit Sand gefüllten Box (30 × 50 × 3,5 cm) wurden entweder je ein Rhizom der beiden Pflanzen eingesetzt (Mischkultur) oder je zwei Rhizome derselben Pflanze. Die eingesetzten Rhizome hatten zu Versuchsbeginn die gleiche Biomasse.

Die Experimente wurden in zwei Versuchsanordnungen durchgeführt. Bei einem Durchgang wurden die Pflanzen jeden zweiten Tag bewässert (gute Wasserbedingungen), beim anderen Durchgang wurden die Pflanzen nur einmal zu Beginn des Experiments bewässert (Wassermangel).

Nach 30 Tagen wurde das Experiment beendet und die erreichte Biomasse der oberirdischen Pflanzenteile bestimmt.

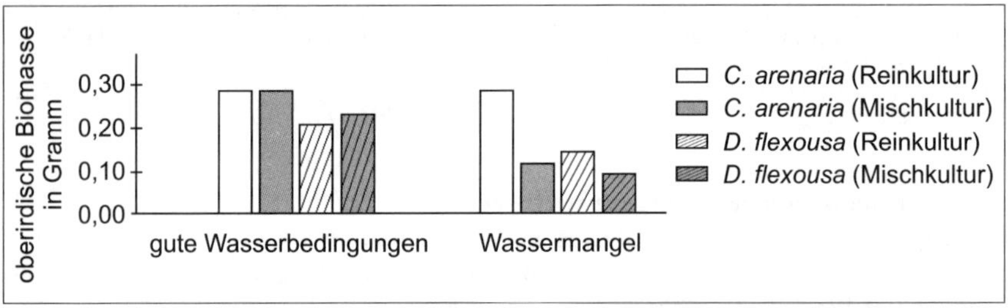

Abb. 4: Durchschnittliche Biomasse (in Gramm) der oberirdischen Pflanzenteile der einzelnen Pflanzen von *C. arenaria* und *D. flexuosa* unter guten Wasserbedingungen und unter Wassermangel jeweils in Reinkultur und in Mischkultur bei Beendigung der Minirhizotron–Experimente.
Weigelt, Alexandra, Röttgermann, Mathias, Steinlein, Thomas, Beyschlag, Wolfram (2000). Influence of water availability on competitive interactions between plant species on sandy soils, Folia Geobotanica 35, 176

weitere Materialgrundlage:

Deutscher Wetterdienst, Geschäftsbereich Wettervorhersage, Referat Datenservice, Postfach 100465, D-63004 Offenbach, Jahresniederschlagswerte Riedberg 1992–2000; persönliche Mitteilung (09. 05. 2008)

Weigelt, Alexandra, Röttgermann, Mathias, Steinlein, Thomas, Beyschlag, Wolfram (2000). Influence of water availability on competitive interactions between plant species on sandy soils, Folia Geobotanica 35, 169–178.

http://www.biostation-senne.de/ (01. 03 2008)

http://cms.whs-portal.org/geographie/die-senne (01. 03. 2008)

http://caliban.mpiz-koeln.mpg.de/~stueber/lindman/432.jpg (01. 03. 2008)

http://eppcapps.ky.gov/nprareplants/images%5Csp_line%5CPMPOA22090.jpg (12. 04. 2008)

Lösungsvorschlag

In der Aufgabe thematisierte Unterrichtsinhalte sind:
Umweltfaktoren, ökologische Nische, terrestrische Ökosysteme (Schichtung und Aufbau), Standortfaktoren und Bewirtschaftung, abiotische und biotische Habitatfaktoren, Populationsdynamik, Konkurrenz, Koexistenz, ökologische und physiologische Potenz

III.1 *Als Einstieg in die Bearbeitung der Teilaufgabe sollte ein kurzer, einleitender Satz das zu analysierende Diagramm erläutern. Da Sie die vier Kleinlebensräume in Ihrem Text öfter nennen müssen, bleibt es Ihnen freigestellt, sie evtl. sinnvoll abzukürzen (z. B. L1, L2 usw.), damit nicht bei jeder neuen Nennung die komplette Bezeichnung des Lebensraumes wiederholt werden muss.*

Die Abbildung 1 verdeutlicht den prozentualen Bodenwassergehalt (Ordinate: y-Achse) von vier unterschiedlichen Kleinlebensräumen der Senne bei Bielefeld zwischen Juli 1997 und Mai 1998 (Abszisse: x-Achse). Drei Ergebnisse der Untersuchungen fallen bei diesem Kurvendiagramm sofort ins Auge. Zum einen ist der jeweilige Gehalt an Bodenwasser in den vier betrachteten Lebensräumen (offene Sandfläche ohne Vegetation, Fläche mit Pioniergesellschaften, trockene Graslandschaften und Heidekrautflächen) unterschiedlich hoch. Er steigert sich von den vegetationslosen Sandflächen über die Pioniergesellschaften und das trockene Grasland bis hin zu den Heidekrautflächen. Der zweite auffällige Punkt ist der, dass es in allen Kleinlebensräumen zu saisonalen Schwankungen des Wassergehalts im Boden kommt. Das Minimum erreichen alle Areale im September bzw. Oktober, d. h. an der Wende vom Sommer zum Herbst. Bei keinem der Kleinlebensräumen ist aber in diesem Zeitraum eine derart drastische Austrocknung zu beobachten wie bei den Heidekrautflächen. Als dritter auffälliger Punkt ist zu erwähnen, dass bei zwei Lebensräumen der Bodenwassergehalt in den Monaten Oktober bis Januar drastisch zunimmt und zwar bei den Heidekrautflächen noch mehr als bei den trockenen Graslandschaften. Ein deutlich geringerer Anstieg in diesem Zeitraum ist im Areal der Pionierpflanzen und in den offenen Sandflächen zu beobachten.
Für die Deutung der Bodenwasserverhältnisse in den vier Kleinlebensräumen können sowohl abiotische als auch biotische Umweltfaktoren als Erklärungsmöglichkeit herangezogen werden. Als wesentliche abiotische Umweltfaktoren spielen der Niederschlag und die vorherrschende Temperatur eine entscheidende Rolle. Geringe Niederschlagsmengen in Verbindung mit höheren Temperaturwerten sind vermutlich für das Absinken des Bodenwassergehalts während der Übergangszeit vom Sommer zum Herbst verantwortlich. Als ein biotischer Faktor, der eine Austrocknung des Bodens verhindern kann, ist z. B. eine Pflanzendecke zu nennen. Diese kann einem Verlust an Bodenwasser entgegen wirken, indem sie zum einen als Verdunstungsschutz und zum anderen als Wasserspeicher fungiert. Vor diesem Hintergrund wird auch der drastische Abfall des Bodenwassergehalts in den Heidekrautflächen verständlich. In Verbin-

dung mit höheren Umwelttemperaturen wirkt sich die bei den Pflanzen einsetzende Transpiration dahingehend aus, dass dem Boden mehr Wasser entzogen wird. Um den Transpirationsstrom, der für einen Wassertransport innerhalb von Pflanzen normalerweise notwendig ist, aufrecht zu erhalten, wird der Boden in den wärmeren Sommermonaten dann stärker ausgetrocknet.

III.2 *Auch hier ist es sinnvoll, zunächst das Diagramm kurz zu beschreiben. Bei den von Ihnen geforderten Begriffsdefinitionen sollten Sie bedenken, dass die ökologische/physiologische Potenz auch als ökologisches/physiologisches Optimum bezeichnet wird. Der letzte Teil der Aufgabenstellung erfordert von Ihnen eine theoretische Erörterung. Hier sind klare Vorstellungen und kritisches Hinterfragen der Aussagekraft von Labor-Experimenten gefragt. Dies kann Ihnen u. U. Zusatzpunkte einbringen!*

Die Ergebnisse der Minirhizotron-Experimente mit den beiden Gräsern *Carex arenaria* (Sandsegge) und *Deschampsia flexuosa* (Drahtschmiele) sind in der Abbildung 4 in zwei Säulendiagrammen dargestellt. Die nach 30 Versuchstagen produzierte oberirdische Biomasse ist in Gramm angegeben, die Versuchsergebnisse sind durch unterschiedliche Säulen dargestellt und in zwei Gruppen (gute Wasserbedingungen/Wassermangel) aufgeteilt. Die Ergebnisse der Minirhizotron-Experimente lassen sich wie folgt zusammenfassen: Unter der Voraussetzung einer guten Wasserversorgung, produzierten beide Gräserarten, *Carex arenaria* und *Deschampsia flexuosa*, sowohl in Reinkultur als auch in Mischkultur annähernd gleich viel oberirdische Biomasse. Die von *Carex arenaria* gebildete Substanz betrug jeweils knapp 0,3 g, die Menge an Biomasse bei *Deschampsia flexuosa* lag leicht über 0,2 g, wobei *Deschampsia flexuosa* unter den Bedingungen einer Mischkultur etwas produktiver war als in Reinkultur. Unter Wassermangel ergab sich – mit einer Ausnahme – ein anderes Bild. In Reinkultur produzierte die Sandsegge gleich viel Biomasse wie unter guten Wasserbedingungen. In einer Mischkultur mit der Drahtschmiele konnte sie allerdings nur etwas mehr als 0,1 g oberirdische Substanz bilden. Wurde die Drahtschmiele ohne die Sandsegge bei Wassermangel kultiviert, erreichte sie mit 0,15 g nur knapp 2/3 ihres Wachstums unter optimalen Bewässerungsbedingungen, in einer Mischkultur sogar nur knapp die Hälfte (etwa 40 %) davon (weniger als 0,1 g im Gegensatz zu etwa 0,23 g in Mischkultur unter guten Wasserbedingungen). Der Vergleich des Wachstumsverhaltens beider Pflanzen unter Wassermangel-Bedingungen ergab, dass *Carex arenaria* in einer Mischkultur nur etwas mehr als 0,1 g Biomasse gegenüber ca. 0,3 g in einer Reinkultur produzierte. Bei *Deschampsia flexuosa* war kein derart drastischer Abfall in der Produktivität zu beobachten. Hier fiel der Zahlenwert der gebildeten oberirdischen Substanz lediglich von 0,15 g auf knapp unter 0,1 g. Unter Wasserknappheit sind also bei *Carex arenaria* größere Wachstumsunterschiede zu beobachten als bei *Deschampsia flexuosa*.

„Konkurrenz" und „ökologische Potenz" sind zentrale Begriffe bei ökologischen Verflechtungen der Lebewesen in einer Lebensgemeinschaft. Bei der

Konkurrenz, d. h. im Wettstreit um spezifische Ressourcen wie Nahrung, Lebensraum oder Sexualpartner, können Lebewesen miteinander konkurrieren. Eine interspezifische Konkurrenz liegt immer dann vor, wenn Lebewesen unterschiedlicher Arten im gleichen Lebensraum miteinander im Wettstreit um Ressourcen stehen. Konkurrieren die Individuen einer Art miteinander, so spricht man von intraspezifischer Konkurrenz. Mit ökologischer Potenz wird im Allgemeinen die Toleranz bezeichnet, welche eine Art gegenüber ökologischen Faktoren besitzt. Neben der ökologischen Potenz gibt es auch noch die physiologische Potenz. Beide stellen das Toleranzverhalten einer Art gegenüber dem Fehlen (physiologische Potenz) bzw. dem Vorhandensein (ökologische Potenz) interspezifischer Artkonkurrenz dar.
Betrachtet man vor diesem Hintergrund die in den Minirhizotron-Laborexperimenten erzielten Ergebnisse, so lassen sich die folgenden Aussagen machen: Herrscht eine gute Wasserversorgung während des Versuchs, so entwickeln sich *Carex arenaria* wie auch *Deschampsia flexuosa* sowohl in Reinkultur als auch in Mischkultur annähernd gleich gut. Eine Konkurrenzsituation zwischen beiden Arten hat demnach unter Laborbedingungen kaum Auswirkungen. Für die Sandsegge gilt aber, dass sie – im Vergleich zwischen Rein- und Mischkultur – immer mehr Biomasse produziert als die Drahtschmiele. Dies könnte ein Hinweis darauf sein, dass sich *Carex arenaria* unter optimalen, natürlichen Bedingungen auf Dauer als konkurrenzfähiger als *Deschampsia flexuosa* erweist. Herrscht Wassermangel und werden beide Gräser alleine kultiviert, kann bei der Sandsegge die größere physiologische Potenz von beiden Arten beobachte werden. Diese entspricht in etwa derjenigen bei guten Wasserbedingungen. Kommt zum Wassermangel noch die interspezifische Konkurrenzsituation mit *Deschampsia flexuosa* hinzu, so ist bei der Sandsegge eine deutlich geringere oberirdische Biomassenproduktion zu beobachten. Die Drahtschmiele „verkraftet“ die Konkurrenzsituation bei Wassermangel besser; ihre Produktion geht dabei – im Vergleich zur Reinkultur – weniger stark zurück. Es könnte damit aus den Versuchsergebnissen die Schlussfolgerung gezogen werden, dass bei begrenzten Wasserressourcen *Deschampsia flexuosa* eine größere ökologische Potenz besitzt als *Carex arenaria.*
Die hier gemachten Aussagen beruhen auf der Analyse von Versuchsergebnissen, die ausschließlich unter Laborbedingungen ermittelt wurden. Das generelle Charakteristikum von Versuchen besteht darin, dass jeweils nur *ein* Parameter (im vorliegenden Fall die Menge des für die Gräser zur Verfügung stehenden Wassers) verändert wurde. Alle übrigen Umweltbedingungen wurden konstant gehalten. Dies ist unter natürlichen Bedingungen kaum vorstellbar. Insofern haben alle Experimente unter Rein- bzw. Mischkulturbedingungen nur eine begrenzte Aussagekraft. Trotzdem ist es möglich, auf einer allgemeinen Ebene die Aussagekraft von Reinkultur- und Mischkulturexperimenten zu vergleichen. Bei der Ermittlung von Parametern (z. B. physiologische Zahlenangaben), welche die Reaktionsbreite eines Lebewesens unter konkurrenzlosen Bedingungen verdeutlichen können, muss unbedingt bedacht werden, dass Reinkulturen in der Natur kaum vorkommen. Insofern lassen im Labor ermittelte

Zahlenwerte von physiologischen Potenzen/Optima wenig Rückschlüsse darauf zu, wie sich das Lebewesen unter natürlichen Bedingungen, d. h. unter Konkurrenzbedingungen mit anderen Lebewesen um die gleichen Ressourcen, verhalten wird. Anders gestaltet sich dies bei Mischkultur-Experimenten, in denen Konkurrenzsituationen simuliert und ökologische Potenzen/Optima ermittelt werden können. Eine Untersuchung auf interspezifisches Konkurrenzverhalten hin kann konkrete Anhaltspunkte dafür liefern, wie sich eine Art im Vergleich zu einer anderen wahrscheinlich verhalten wird. Dies setzt aber voraus, dass an einem spezifischen, natürlichen Standort die gleichen Bedingungen herrschen, wie die im Experiment simulierten. Da die in einem Mischkulturexperiment vorgegebenen Bedingungen meist vom faktorspezifischen physiologischen Optimum abweichen, kann das für den betrachteten Umweltfaktor ermittelte spezifische ökologische Optimum als Gradmesser dafür herangezogen werden, wie sich das Lebewesen in einer Konkurrenzsituation mit anderen Arten behaupten wird.

III.3 *Das Aufstellen von Hypothesen verlangt von Ihnen, dass Sie nicht „wild drauf los" spekulieren, sondern unter Verwendung konkreter Fakten begründete Aussagen machen. Hierfür stehen Ihnen vor allem die neuen Informationen aus Material B zur Verfügung. Textsignale zum allgemeinen Vorkommen der Grassorten und zum Wassergehalt in der Gegend weisen Ihnen dabei den Weg.*

Vergleicht man die Niederschlagsmengen, die in den Jahren 1996 und 1997 auf die Granslandschaften der Senne niedergegangen sind (im Durchschnitt 634 mm), mit denen aus den Jahren 1992 bis 1995 (durchschnittlich 860 mm), so ist zu erkennen, dass Mitte der 90er Jahre deutlich weniger Regen gefallen ist als zu Beginn des Jahrzehnts. Die Jahre 1996 und 1997 bilden außerdem eine Ausnahme, da es ab dem Jahr 1998 bis zum Jahr 2000 mit durchschnittlich 866 mm wieder deutlich mehr Niederschlag gab. Aus den Minirhizotron-Experimenten (Abbildung 1) ist bekannt, dass die Sandsegge einem ausdrücklichen Standortnachteil unterliegt, wenn dieses Gras unter Wassermangel-Bedingungen mit *Deschampsia flexuosa* konkurrieren muss. Aus diesen beiden Erkenntnissen lässt sich die Hypothese aufstellen, dass der im Text von Material B beschriebene Rückgang von *Carex arenaria* in der Senne auf das geringere Angebot des ökologischen Faktors Wasser zurückgeführt werden kann.
Für die weitere Entwicklung der trockenen Graslandschaft der Senne von 1997 bis 2000 kann konkret gemutmaßt werden, dass sich der Zustand, wie er vor 1996 bestanden hat, bis zur Jahrtausendwende wieder einstellen konnte. Aufgrund der oben bereits angesprochenen Faktenlage bedeutet ein vermehrter Niederschlag für die Drahtschmiele, dass sie sich bei interspezifischer Konkurrenz mit *Carex arenaria* nicht mehr so gut behaupten kann, da für die Sandsegge feuchtere Bodenbedingungen eine bessere Grundlage bieten, sich erneut auszubreiten.

Ihre Meinung ist uns wichtig!

Ihre Anregungen sind uns immer willkommen. Bitte informieren Sie uns mit diesem Schein über Ihre Verbesserungsvorschläge!

Titel-Nr.	Seite	Vorschlag

Bitte hier abtrennen

Bitte hier abtrennen

Zutreffendes bitte ankreuzen!

Die Absenderin/der Absender ist:

- ☐ Lehrer/in in den Klassenstufen: ______
- ☐ Fachbetreuer/in
  Fächer: ______
- ☐ Seminarlehrer/in
  Fächer: ______
- ☐ Regierungsfachberater/in
  Fächer: ______
- ☐ Oberstufenbetreuer/in
- ☐ Schulleiter/in
- ☐ Referendar/in, Termin 2. Staatsexamen: ______
- ☐ Leiter/in Lehrerbibliothek
- ☐ Leiter/in Schülerbibliothek
- ☐ Sekretariat
- ☐ Eltern
- ☐ Schüler/in, Klasse: ______
- ☐ Sonstiges: ______

Unterrichtsfächer: (Bei Lehrkräften!)

______

STARK Verlag
Postfach 1852
85318 Freising

19-VM5

Bitte ausfüllen und im frankierten Umschlag an uns einsenden. Für Fensterkuverts geeignet.

Kennen Sie Ihre Kundennummer? Bitte hier eintragen.

Absender (Bitte in Druckbuchstaben!)

Name/Vorname

Straße/Nr.

PLZ/Ort/Ortsteil

Telefon privat

Geburtsjahr

E-Mail

Schule/Schulstempel (Bitte immer angeben!)